为什么月亮不会掉下来

[德]乌里希·沃克 著
尹岩松 译

陕西新华出版传媒集团
太 白 文 艺 出 版 社

为什么月亮不会掉下来呢?

宇宙有没有尽头呢?

真的有外星人吗?

哪个光点才是真正的星星呢?

它和行星有什么区别……

献给莉娜

目 录

冬

月亮姑娘爬上山，
小星星呀挂天边，
亮晶晶呀闪啊闪。

至今我仍清晰地记得，我女儿发现月亮的那一瞬间——她那时大约一岁半。她举起了她的小胳膊，眼睛闪闪发亮，激动地指向夜空，嚷着:“那儿，那儿！”那时，她还不太会说话。事实上，对于高悬在树冠上空的那颗银白色的球体，这是她能想到的仅有词汇。

我相信，孩子们在成长过程中一定重复着人类古老的经历。数千年来，我们无数次仰望苍穹，并惊叹于所目睹的一切。当薄暮降临，初星闪烁，我们平静下来、享受安宁的时候，对浩瀚夜空的崇敬之情便会油然升起。

浪漫派将白昼的日光视为一种大幕，它对神秘的夜晚总是有些干扰。然而日光不仅妨碍着夜晚，也掩盖着我们灵魂深处神秘莫测的一面。这个帷幕在夜晚拉开，我们的潜意识，我们的黑暗面也随之显现。德国浪漫派诗人艾尔兴多夫曾写下过这样的诗句："当人们喧闹的兴致变得缄默：/ 大地与所有的树木奇异地 / 就像是在梦中哗哗作响 / 人的心灵对此几乎一无所知。"

从这个方面来看，天文学家其实和孩子们差不多。在天空中发现的新事物会让他们兴奋不已。他们甚至也可以被称为浪漫主义者。他们相信：如果我们不去探究宇宙的奥秘，那么我们也就无从理解自己——我们自身的秘密。因为组成我们的材质，构建我们身体的每个原子都源自宇宙。也许正是出于这种原因，有时我们在夜晚会感觉自己是黑夜之子。

当然，天文学是一门高度精密的科学，宇宙哲学的内容无法简单地直接理解，或者进行浪漫主义的解读。但是，事实上，天文学家和所有其他人坐在同样的剧院里。夜晚同样是观众席上灯光亮起、夜之戏剧上演的时刻。神秘莫测的一刻！帷幕拉开！

✲

当我女儿六岁的时候，她就不再像之前一样只会发出咿咿呀呀的声音，而是能够使用一些内容非常丰富的词汇（作为一个父亲，我自然发现了这一点）。有一次，她来到我的书桌前问我："你在干什么呀？"

"我在工作啊。"我回答道。

"你在做什么工作呀？"

"我在研究天上的东西啊。"

"研究天使吗？"

"不是啊，我在研究星星[①]。别人叫它天文学，我是研究天文学的。"

"什么是天文学呀？"

在孩子们的书里出现的人物大多是火车司机、面包师或是侦探。从事这些职业的人所做的工作一目了然，不需要再进一步的解释。这时候我突然发现，想要让孩

---

① 本文中提到的星星一词主要指可以发光的恒星。原文中只有部分地方采用了专业词汇"恒星"。

子明白我们天文学家是做什么的，就不太容易了。对许多人而言，我们的工作有点特殊而又远离日常生活。表面看，大多数人的观点似乎也没有错：繁星满天的浩瀚宇宙和我们的日常生活又有什么关系呢？这两者之间看似确实没有多少联系，但事实并非如此。其实，每个手表都是一个小型太阳能系统，每个碗状卫星天线装置都可以算作一个天文望远镜。

很久以前，天文学在先进文明的精神和宗教生活中扮演着至关重要的角色。有时候，我们甚至可以把哲学和天文学算作最古老的科学。无论如何，天文学的历史都可以说是十分悠久的。天文学这个词来源于希腊语，原义是研究星辰的科学。

早在两千五百年前乃至三千年前，古巴比伦人、古埃及人和古中国人为了找出正确的历法来计算岁月更替，就已经进行了系统的星相学研究。在春季，人们可以观测到不同于夏季、秋季和冬季的星象。因此，它们在天空中的出现对农业生产意义重大。

而且，确切来说，我们每个人都在从事天文学。只要我们认可夜里天会变黑，就意味着我们已经承认了一条天文学规律——地球自转。冬天的白天比夏天的短，这个观察结果也属于天文学。其实，我们已经通过一些极其简单的手段掌握了一定的天文学知识。举个例子，人们只需要一个记录表和一点耐心就可以发现，大约每二十九天半会出现一次满月。是的，甚至只需要一根木棍和一把尺子我们就可以得知地球是圆的。早在公元前225年，希腊数学家、天文学家埃拉托色尼就用这种方法极为精确地计算出了地球的周长。

但是天文学不只是这些内容。夜空讲述着我们人类的历史。在古代，人们根据神话里的形象将星辰归类，例如童话人物、动物或者神灵等。早在四千多年前，古英格兰人就建造了巨石阵。巨石阵成为他们的圣地，同时也是一些天文点的标志。可以说，这些巨石阵其实就是一个个巨大的宇宙时钟或者说是石器时代的天文台。早在那个时候，人们就已经尝试着确定自己在宇宙中的位置。

哲学探讨的问题是“我是谁”，天文学研究的则是“我在哪里”。对于这两个问题的回答在过去的几千年里发生了深刻的变化。但是有一点一直都没有改变，那就是只有通过观察星星，我们才能得到一些关于我们在宇宙中的位置的信息。

“天文学是一门非常古老的科学。”我对我的女儿说道，“这门科学研究月亮啊、太阳啊、星星啊，研究天上所有的东西。”

“也研究小鸟和飞机吗？”

“不，不研究它们，也不研究云彩。只研究天空中我们能看到的那些距离我们很遥远的光源。对于这些光源我们可以做很多研究，因为它们的数量很多。”

她爬到我的怀里，好奇地打量着屏幕上的东西。

“到底有多少呢？”

“非常非常多。有很多明亮的星星我们是可以直接看到的，比如说天琴座 α 星和猎户座 β 星。还有很多我们用眼睛看不到的星星，我们必须借助望远镜才能看到它们。”

“门闩星？[①]这个名字可真有趣。星星可没有门。”

“Rigel 是阿拉伯语，意思是脚。”

---

① 德语中，猎户座 β 星的写法为 Rigel，门闩的写法为 Riegel，二者发音接近。

“所有的星星都有名字吗？”

“天上的星星实在太多了，所以还有很多没有取名字呢。”

她兴奋地跳起来：“我一定会为每一颗星星都取一个名字：吉姆·诺普夫、小纽扣、安东、啤酒袋先生、萨姆、卢卡斯、丽丝、突突先生……”

她一边说着这些名字一边跑了出去，又把我丢给了我的工作。吉姆·诺普夫、小纽扣、安东、啤酒袋先生、萨姆、卢卡斯、丽丝、突突先生，这些都是她睡前读物里的人物。如果她以这些名字来命名这些星星的话，她做的其实就是天文学家们数千年来所做的工作了：把故事世界里的人物搬到了天空上。

我的女儿叫斯特拉，取这个名字的原因要归功于我的职业和我太太的宽容。我太太还在孕期的时候，我们翻遍了新生儿取名手册，选项逐渐从安娜贝尔转为艾米莉亚、劳拉，又变到波莱特、扎拉，最终偶然看到了斯特拉这个名字。作为一个天文学家，我立刻就喜欢上了这个名字，因为斯特拉在拉丁语里是星星的意思。除此之外，我和我太太深信，女儿是我们人生中一颗冉冉升起的新星，因此，我觉得斯特拉这个名字是一个非常好的选择。我太太也觉得这个名字很好听，只是过于直白。她问我："没有其他更合适的星星的名字了吗？"其他名字的确都不尽如人意，大多数星星的名字其实是阿拉伯语的变音或者是错误的发音。这些名字虽然听起来还不错，但实在不适合当女孩子的名字。

比如，天空中最亮的星星之一是猎户座 α 星[①] (Beteigeuze)，这个名字大致的意思是"女巨人之手"，它位于猎户星座，标志着猎人高举的手臂（或者更确切地说应该是高耸的肩膀）。根据希腊神话，这个猎人有三个父亲：波塞冬、宙斯和赫尔墨斯，这一点让我实在无法接受。

另一颗比较明亮的星星是大熊座 η 星（Benetnasch），它位处大熊星座的尾部。它的名字来源于"banat na'sch"，意思是"哭孝女"，这对我的宝贝女儿来说同样不合适。位处猎户座肩部的第二颗星星"Bellatrix"，它源自拉丁

---

① 即参宿四。

语，意思是“女战士”，也就只有这个名字听起来还算是适合女孩子。

当然，阿拉伯人只是命名了那些他们观测到的星体。其实，这对于所有存在着的星体数量来说是微不足道的。借助于现代的天文望远镜我们已经新观测到了数十亿的星体。但这些星体几乎都是以“女巨人的肩膀”，“七女神的追随者”（Aldebaran）或者“调解人的左脚”（Rigel）这种名字命名的。从长远角度来看，这些名字听起来很混乱。

因此，17 世纪的时候人们采用了一种新的方式，也就是根据星星所处的位置和亮度来对它们命名。猎户座阿尔法星（alpha Orionis）代替了 Beteigeuze，意思为猎户座最亮的星，因为 A 是希腊字母表中的第一个字母。猎户座伽马星（gamma Orionis）代替了 Bellatrix，意思为猎户座第三亮的星。大熊座依塔星（eta UrsaeMaioris）代替了 Benetnasch，意思为大熊座第七亮的星。

但是这种命名方式最终也满足不了发展的需要。对于天文学家来说，除了直接用星星编号来命名外别无选择，于是 HD39801 代替了 Beteigeuze，HD120315 代替了 Benetnasch，HD35468 代替了 Bellatrix。这些编号完全不适合作为小女孩的名字，所以我们最终还是选择了斯特拉这个名字。

✲

天文学家估测宇宙中所存在的星星数量超过数百兆亿——可以说是不计其数。一百兆亿是数字 1 后面跟上 22 个零（10 000 000 000 000 000 000 000）。从数学的角度来看，这不过是一个非常普通的数字，但宇宙中有这么多的星星，这的确是令人难以想象的。

给宇宙中所有的星星命名的工作其实并没有想象中的那样复杂。如果我们要通过名字来区别宇宙中这数百兆亿的星星，我们只需要十六个字母就足够了——名字可以长点，但不是必须要取一个很长的名字。数字 1 后面跟上 22 个零（10 000 000 000 000 000 000 000），这对我们来说是很抽象的，但是一个 16 个字母组成的单词对我们来说就很常见了。

比如，斯特拉想用吉姆·克诺普夫来命名一颗星星，这建议其实就不错。如果扩展为“来自卢默尔兰德的吉姆·克诺普夫”，这已经是一个清晰而且不容易造成混淆的名字了。我们也可以把星星命名为“我最喜欢的星星”“金色的小句点”“奇特的钻石”。甚至那些有着悠久历史的名字如“七女神的追随者”或者“调解人的左脚”，这些名字虽然没有什么实际意义，也能清晰地标示某颗星星。

当然，十六个字母组合的命名系统相比数字组合的命名系统的确有它的缺陷。因为字母的组合除了有些有意义（如 StellasSternchen，即斯特拉的小星星）外，还有一些毫无意义，例如十六个 As 或者字母表的前十六位字母按顺序排在一起的组合。这样的名字不适合于任何一颗星星的命名。然而，事实上毫无意义的字母组合比有意义的要多得多。

所以，我们只能采用长长的数字组合来对星星进行命名，而这种名称往往又超出了我们的经验理解范围。值得一提的是，人们在看某页书的时候（比如这本书的这一页），接触的单词和字母组合变化的可能性其实远超过宇宙中星星的数量。如果把书籍看作我们意识的写照的话，那么意识明显比宇宙复杂得多。

✲

我将一个望远镜作为开学礼物送给了斯特拉，对此她觉得十分有趣，特别是当她将望远镜倒过来使用的时候。因为这时她眼中的我们都变得非常小，这样使用带给她的惊讶程度远远超过了正确使用望远镜时的放大效果。但是，当晚上月亮升起——明亮而又清晰的半月，十分适合观察——她似乎又对我们地球的这颗卫星的大小更感兴趣。明暗的曲线变化和表面陨石坑的环状立体结构把望远镜中的月亮从平面的光盘变成了它本身银色球体的模样。这些斯特拉在六岁的时候就已经观测到了。从那时起，她便知道，月球是一个围绕着地球转动的巨大球体。

第一个如此清晰地观察到这一切的是伽利略，他改进了 1608 年荷兰人汉斯 · 利伯希发明的望远镜，用来做天文观测，并辨认出月球表面存在着高山和坑穴。除此之外，他还发现有四个天体围绕木星做轨道运动。因此他得出结论，教会所宣传的地心说可能并非事实。因为既然木星被其他天体所环绕，那么在木星上的生物也会像我们在地球上生存的人类一样，把自己所在的木星视作宇宙的中心。但是宇宙显然不可能存在两个中心，因此教会所宣传的某些教义肯定是错误的。

为了让教会相信自己的理论，伽利略请求教皇的使者们试一试他的望远镜。据说，罗马教廷的使者们拒绝通过望远镜观测月球或木星。他们声称，如果真的是上帝的旨意，那么他不会赋予人们眼睛而是赋予望远镜。

追随伽利略的天文学家们并没有因为教会的反对而停止研究。相反，他们的研究视野随着望远镜的一步步完善而得以不断拓展。时至今日，我们甚至能够观测到可见宇宙边缘存在的那些光线极其微弱的天体。通过望远镜我们几乎可以穿越整个宇宙。因此可以说，我们的世界观从伽利略时代开始发生了巨大变化。我们现在知道，无论地球还是木星都不是宇宙的中心，宇宙并没有中心。

思考这些问题对于刚上一年级的斯特拉来说显然过于抽象。于是，有一次在她用望远镜观察月球时，我对她说："以前有个人叫伽利略，他是个了不起的科学家，他是世界上第一个使用望远镜观察月亮的人。但教皇却不允许他在任何时候和别人谈论这件事。”

“为什么呢？”她问道。

“我不知道。可能教皇认为上帝住在那里，他害怕伽利略找不到上帝。”

“可是上帝住在天堂啊。”她继续说道。

“你说得对，但也不全对。本来是这么回事，但从另外一方面看也可以说不是这样的……这很难解释。”

“这我就不懂了，”她接着说，“那我也不用望远镜观察月亮了。”

“不，你应该继续观察。”我说道。

“可是，为什么呢？”她又问。

这时候，我必须赶紧动动脑筋，找个借口了：“为了找到属于你的星星啊！”

“我的星星？”

“对呀，每个人都有属于自己的星星。当人们找到它之后，就可以给它命名并向它许愿。”

“真的吗？”

“当然啦。这一点在很多书里都可以读到。有许多这种故事呢。”

她的一本故事书里确实提到了一个小女孩的星星，所以她相信了我说的话。

“我的星星看起来是什么样子的？”她接着问道。

天变凉了，我轻轻地把她推回到屋里。

“你必须自己找到它，当你找到它的时候，你马上就会认出它的。”

“然后我就可以给它起个名字并向它许愿吗？”

“是的，就是这么回事。”我回答道。

“我不能现在马上找到它吗？”

我一边关门一边对她说：“今天就不用着急啦，你还有很多时间来找它。星星多到数不过来，每个小姑娘都有一颗呢。”

我的那些关于上帝在天上存在的含糊解释很快便引发了一场风波。所有孩子在第一节宗教课时都被要求描述他们所认为的上帝是什么样子。他们的宗教老师是一位非常友好、诚挚、敬业的年轻天主教徒。当轮到斯特拉时，她说道：“上帝是否真的住在天堂，这是有待考证的。所以教皇才会阻止伽利略进行天文学研究，因为他担心伽利略在天上并不能找到上帝。”

这件事情发生后，斯特拉的宗教老师给我打了电话。她表示非常支持孩子们用批判的眼光来看待宗教。但同时她也认为，现在就让他们去面对天主教的错误，这确实为时过早了。在她看来，这些问题对像斯特拉这么大的孩子们来说太过复杂了——她想先向他们灌输一种生机勃勃的信仰。教会在其漫长的历史进程中并不总是站在真理一边，这种事他们迟早会明白的。

我完全同意她的观点。我绝不想让斯特拉成为一个自以为是的无神论者。而且，我们也必须承认：从天文学角度来看，《圣经·创世记》里讲述的上帝创世故事，与今天天文学研究的某些观点有着许多惊人的相似之处。

比如说，今天我们都知道，宇宙的开端源自一百三十亿年前的宇宙大爆炸。大家可以简单地把它想象成一次能量和光的大爆发。这些能量最终变成了物质，这些物质又经过数十亿年的演变最终形成了恒星和行星。所以也可以说，《创世记》里创世第一天中，天空、大地和阳光被创造的方式与天文学事实相吻合。但两者之间的区别是，实际上，创造的过程不是一天之内发生的，而是持续了大约八十亿年至九十亿年。

在此之后，大约四十五亿年前，由尘埃和炽热的岩石融合而成的原始地球在原始的太阳旁边诞生了。它逐渐冷却，并在表面形成了一个坚固的外壳。热蒸汽变成了雨，随之灌满了汇入海洋的低地。所有这一切都与上帝在第二日创造的结果相吻合。

在这一天，上帝首先“造出空气，将空气以下的水、空气以上的水分开了”。这一步骤也和天文学发现惊人一致。天文学研究认为，炙热的原始大气首先是充满了水蒸气和雨滴。水无处不在，无论是上面还是下面。水和天空的分离过程经历了大约十亿年。

让我们来到第三天。在这一天，上帝分离了陆地“旱地”和海洋“水的聚集处”。从地质学角度来说，由此诞生了原始大陆（泛古大陆）和覆盖地球其他区域的浩瀚原始海洋（泛大洋）。之后，上帝首先让植物出现在大陆上，这一点完全符合进化论中植物先于动物占领陆地的观点。

最令人惊讶的是第四天。直到这一天，在植物被创造出来之后，上帝才创造了星空和“两个大光”，“大的管昼，小的管夜”。人们必须知道的是，原始大气主要是由二氧化碳和氮气组成的，所以即使冷却后也是不透明的。只有在植物被创造出来之后，植物可以通过光合作用将二氧化碳转化为氧气，所以它们在一定程度上净化了大气。这样一来，日、月、行星、恒星才变得可见了。

《圣经》中上帝创世的说法产生于这样一个时期，那时候大多数人都还相信众神居住在天空之上。《创世记》对当时的人们来说肯定是一部极具现代艺术风格的文献。它通过日、月——臆想的超自然能力的代表——创造了天空中原本存在的星体。这对今天的我们来说不难理解，但是在三千年前这种说法必定是一场革命。

对于人类而言，《圣经》的创世之说是哲学上的一座里程碑。但对于上帝来说，这是比较艰难的一步。因为它不仅将其他教派的众神逐出了天空，按照逻辑这其中也包括他自己。创世说使得上帝在星辰之间的位置不复存在——这一点我必须找个时间对斯特拉讲讲。但是，也许她的宗教老师是正确的，现在对斯特拉讲这些还为时过早。

✲

不久前，斯特拉是这样向我解释暴风雨是怎样形成的："云儿撞到了一起，感觉很疼痛。于是，它们就开始哭泣，它们的眼泪伴随着银色的光芒落到地球上就形成了雨。"

我觉得这个解释棒极了，并将我听后的感觉如实告诉了她。我很清楚，我还无法向她解释清楚大自然中闪电到底是如何形成的。闪电是大气中的一种放电现象，这需要在一定条件下才能形成。比如说，地球上炽热的原始大气必须聚集到一定程度并被激发，这样才能保证闪电可以持续地穿透大气层。某种情况下，甚至可以说，这种放电所释放出来的能量是生命诞生所必需的。

美国化学家斯坦利·米勒曾在1953年做了一个著名的实验，实验的结果证明：如果在原始大气中引发放电现象，就可以形成对生命而言极为重要的化学成分——氨基酸。所以说，极有可能是闪电提供了地球上生命繁衍所必需的能量。

对我们人类来说，原始地球并不是一个舒适的地方，既没有我们呼吸所需要的氧气，也没有洁净的水源。所以，那时应该没人会想到把眼前的暴雨视作云朵流下的银色眼泪。

像所有其他孩子一样，斯特拉对恐龙这个物种很着迷。她知道，很久以前恐龙曾经在地球上生存过，但是她对恐龙存在的具体时间没有概念。“很久以前”对她来说可能只是“爷爷奶奶都还很小的时候”。自从秋假她在柏林自然博物馆看到巨大的腕龙骨架之后，她才明白，她所理解的很久以前是错误的。

“为什么现在没有恐龙了呢？”她想要从我这里得到答案。

“这个嘛，”我回答说，“这很正常呀，以前存在的很多动物现在都不存在了。”

“为什么呢？”

“从有一天开始，他们就不再生孩子了。”

她质疑道:“所有动物都会有孩子的吧?”

“是的。但是有时它们就是不想要孩子了，它们觉得自己很累了，所以更想躺下来睡觉。有孩子了就必须一直好好地照顾孩子。”

“恐龙是觉得累了，所以不想要孩子了吗?”

“可能是这么回事。”

“我觉得这样糟透了。”她说。

“我也这样觉得。但还是有很多其他的动物愿意有孩子的。恐龙是一种很危险的动物。”

“并不全是。”她纠正我道。

“那是肯定的，但是有一些恐龙很危险。”

“那为什么不是只有那些危险的恐龙觉得累了呢?”

“对呀，要是这样就好了。实际上，所有恐龙都会有想睡觉的时候的。”

对于这样的回答，她感到很满意。她一路蹦到了鱼龙的陈列柜前，然后又跳到了始祖鸟的陈列柜前。我对自己刚才的解释并不满意。我应该告诉她真相吗?也许我应该对她说，在大约六千五百万年前，一个直径约一万米的巨大陨石撞击了地球，恐龙因此很快灭绝。

如果说有哪里比当时地球上的状况更糟糕的话，那一定是地狱了。陨石撞到今天墨西哥湾地区的尤卡坦半岛，撞击释放的能量相当于当今世界所有核武大国整个武库核能量的一万倍。陨石撞击地球产生了铺天盖地的灰尘，在之后的数年里，天空依然尘烟翻滚，乌云密布。植物几乎全部枯萎，动物失去了赖以生存的食物来源。一场超级洪水席卷了大陆，酸雨腐蚀了恐龙蛋的外壳。当时，超过百分之七十的动物物种灭绝，主宰了地球两亿年的恐龙时代就此结束。

“宇宙孕育了我们，但它也可以在转瞬之间毁灭我们。”我应该这样和斯特拉说吗？因为真实情况是这样的：单纯从统计学角度看，大约每一亿年就会有一次灾难性的陨石撞击。在德国南部小镇纳德林根的里斯陨石坑就是一个大约十五万年前陨石撞击地球产生的撞击坑。一千五百米直径的陨石是比较小的，其相应的影响力也只是在局部区域。相比而言，恐龙就没有这么幸运了。

我曾经对斯特拉说过，天空中有一颗闪亮的星星在等待着她找到它。现在告诉她，那里也有深色的岩石碎片在周围飞来飞去，它一瞬间就几乎可以毁灭一切，这会给地球上的生命造成什么。这种话我实在不忍心跟她说。

✲

不久之前，斯特拉看了《E.T.》这部电影。本来，我十分反对才六岁的她在电视前一坐就是一个半小时，但是在看这部电影时我破例了。我希望这部电影比望远镜能更多地激起她对天文学的兴趣。只是这样一部好莱坞大片里自然会传播一些关于宇宙关系的错误观点。

她看完影片之后对我说："爸爸，我们也可以收留一个外星人吗？"

"这个嘛，外星人其实是这么回事：世界上并没有外星人，只有电影里才有。"我回答道。

她摇了摇头，坚定地说道："斯文说了，这个世界上是有外星人的，只是他们都藏起来了。正因为这样，政府的人才想要抓住 E.T.。"

斯文是斯特拉最好的朋友贝丽特的哥哥，他不久前刚过了十三岁生日。

“有这种可能性。”我回应道，“宇宙中除了人类可能还有其他的生命存在。只是迄今为止，这个问题还没人能找出一个确切的答案。但是让他们来到我们的地球，这是不可能的。因为他们离我们太遥远了。”

“那为什么那么多人都看到了飞碟呢？”她扬扬得意地追问道。

这是一个好问题。最早关于飞碟的新闻出现在二战刚结束的时候。20 世纪 40 年代上半叶，空战、各类轰炸机、夜空中闪烁的探照灯以及高射火炮的火力网构成了人类一次可怕的全新体验。

在那个时期，天上的光束是个危险的信号。1947 年 6 月，美国飞行员肯尼思 · 阿诺德在给他的飞机加油时说，他在天上看见了九个移动速度极快的不明发光飞行物。当时在场的人对他的经历都感到十分震惊。这件事立马在整个美国引起轩然大波。

UFO 的全称是 Unidentified Flying Object，意思是不明来历的飞行物体。UFO 风波从美国一直蔓延到欧洲。20 世纪 50 年代，在英国首次出现了大量 UFO 的目击者。此后，英国国防部对 UFO 的报道数量不断增加，1978 年以 750 个报道的数量达到了顶峰，之后便逐渐减少了。

20 世纪 70 年代在很多方面都是一个转折点。在西方文明中，人们从那时开始比以往更加注重自己的身心健康。人们开始进行慢跑锻炼，开始拜访心理医生。

在这个时代，外星人也开始对我们人类的精神和身体健康表现出浓厚兴趣。以前，他们仅仅局限于开着飞船出现在人们的视野里，然后又迅速离去。但是在这段时间里，许多人声称自己被外星人劫持并受到医学研究，相关的报道也日益增多。

这种被外星人绑架的新闻大多都很相似，被绑架者都称自己在飞船里经历了各种特殊的药物实验。外星人似乎对人类的生殖器官产生了特殊的兴趣。有时候，孩子们会出于好奇而检查他们自己的生殖器，人们称此为医生游戏。为什么那些在设计飞行器方面远远超越我们的外星人会做出像孩子一样的行为？这至今仍是一个未解之谜。

这些关于 UFO 的报道总是明显流露出我们现实生

活中的担忧、幻想与渴望。《E.T.》这部电影也不例外。E.T. 这个外星人形象很友好也很童真，而这正是我们这个有序但通常又无情、无趣的成年人世界所缺乏的特质。E.T.，一个外星人，一个理想中的地球人。影片中隐藏的这条信息我并不想告诉斯特拉。

“也许，”我说道，“人们之所以会看到飞碟是因为他们非常想要看到它。因为他们希望这个世界上真的存在像 E.T. 这样可爱的外星人。”

“爸爸，”她说，“人们是不是看不到自己有点想看到的东西？其实我希望能永远看到草莓。”

“呵呵，这两个你更希望看见哪个呢，草莓还是飞碟？”

“草莓！”她不假思索地回答道。

她的回答让我感到很欣慰。很明显，一个半小时的《E.T.》并没有对她造成什么负面影响。

✫

宇宙和斯特拉的房间有一个非常重要的差别：宇宙里的东西不会丢失。在斯特拉的房间里，拼图的某些部分、记忆卡片、棋子、色子、磁带、洋娃娃的衣服和数不清的彩笔都消失得无影无踪。而宇宙却总是非常认真地看管着它的每一个组成部分。任何一颗尘粒、原子，甚至是极其微弱的光芒都不可能悄无声息地从宇宙中溜走。

原子核相撞而导致的结果可以说是宇宙中非常特殊的情况。两个氢原子可以相互黏着并结合成一个氦原子。[①]但是，氦原子的重量要略轻于两个氢原子，这种情况原本是不该发生的。在这个什么都不会丢失的宇宙中，这些消失的质量都去哪儿了呢?

在人们对两个氢原子能够结合成一个氦原子还一无所知的时代里，爱因斯坦就找到了答案。这个答案就是：氦原子缺失的质量在两个氢原子融合的过程中变成了能量！这可能是所有时代里最著名的方程式 $E=mc^2$ 的内容——即能量正是质量乘以光速的二次方。

我工作室墙壁上的便条之间有一张带有爱因斯坦照片的明信片——并不是被人们熟知的吐舌头的那张照片，而是在他去世前不久拍的一张。当斯特拉第一次发

① 原书如此，实际上两个氢原子是无法形成一个氦原子的。

现这张照片时，她喊道：“快看啊，爸爸，他看起来就像 E.T. 一样有很多皱纹呀。”

我看了看这张照片，发现她说的确实有道理。“这是爱因斯坦，一个非常著名的物理学家。”我对她说。

“啊，就是他吗？”我的女儿说道，“前不久斯文说过，他在学校里是个很差的学生。”

“是吧？”我心里暗想，我真该把这个斯文揪过来训一顿。经常流传爱因斯坦在校时是一名很差的学生。事实上，从他的成绩单来看这一论断毫无根据。但不得不说，他的职业生涯确实极具传奇色彩。1905 年，爱因斯坦提出了狭义相对论和著名的方程式：$E=mc^2$。当时，他还不是物理教师，而是瑞士伯尔尼专利局的一名工作人员。这让人感觉很不可思议，也许正是这种奇特的人生轨迹促成了关于他学生时代的种种传说。最著名的一句关于爱因斯坦的格言源于卓别林。1931 年 1 月 31 日，在洛杉矶举行了《城市之光》首映式，卓别林当着众人面对爱因斯坦说：“他们都欢迎我是因为他们都理解我，大家都欢迎你是因为没有人理解你。”

这样说可能没有错，相对论的确很难理解。但是，人们不应该惧怕方程式，其实我们在超市买东西的时候都会直觉性地使用方程式。如果 100 克的香肠需要 1 欧元的话，那么 150 克的香肠就需要 1.5 欧元。也就是说，总价等于单价乘以重量。这听起来很复杂，其实很简单。

爱因斯坦提出的方程式 $E=mc^2$ 也是如此，我们可以把 c^2（光速的平方）看作能量的原价。虽然从数字来看，c^2 非常高。但同时这也意味着，只需要很少数量的质量 m 我们就可以得到巨大的能量 E 了。这对我们人类而言是一件很值得高兴的事情，因为太阳通过氢融合成氦从而产生它的总能量。白天的太阳明亮而温暖，令人如此惬意，这些都归功于爱因斯坦的“宇宙超市方程式”。

遗憾的是，爱因斯坦著名的方程式也为氢弹的诞生提供了可能性，对此他感到十分苦恼。爱因斯坦曾说过：“有两样事物是永无止境的，茫茫宇宙和人类的愚昧。但只有后者我不十分确定。”他担心，人类的智慧还不足以掌控核武器。人们也只能祈祷爱因斯坦——历史上最聪明的人之一——在这点上的判断是错误的。

有时候，像我一样，天文学家们总会有一些奇怪的想法。不久前，我的妻子进入了女儿乱糟糟的房间。她失望地说，房间乱得简直像是被炸弹轰炸过一样。我当时就想：这很符合逻辑。要不然那些拼图、记忆卡片、棋子、色子怎么会都不见了呢。

✫

越临近冬天，白天就会变得越短。天气晴朗时，第一颗星星在晚饭前就已经在天空中升起。有一次，在我把斯特拉从她的朋友贝丽特那儿接回来后，她站在门前，抬头仰望着天空。

“爸爸，我要是找到了我的星星，那我怎么保证能再次找到它呢？它要是飞走了怎么办？”斯特拉问。

“星星不会飞来飞去的，它们一直都待在同一个地方。”我回答道。

“那样也太无聊了吧？”她断言道。

以前我给她讲睡前故事的时候和她说过，星星是长着银色头发的小天使。现在我又说，它们似乎就固定在天空上。所以，这样就导致我前后的说法确实并不是特别一致。

“它们也在运动，”我又补充道，“但是我们感受不到它们的运动。这就像我们看天空中的飞机一样，飞机飞得很快，但是在我们眼里它却像是在天空中慢慢爬行。这是因为那些星星离我们实在是太远了。而且，星星离我们要比飞机远得多。”

更准确地说，有数万亿倍那么远呢。这就是说，在我们毫无察觉的情况下，它们就可能已经移动了很长一段距离。

事实上，星星的自转速度能够达到一秒钟一万米甚至十万米。如果以这种速度，我们乘坐喷气式飞机从柏林到巴黎只需要一分钟甚至几十秒。

就宇宙的衡量标准来说，这样的速度并不算快。在这样的速度下，宇宙飞船需要花费五万年甚至数十万年才能到达邻近的星球。通过星星的自身移动，同样需要持续很长时间，才能使夜空的景象出现明显的改变。现在看起来还比较笨重的大车星[1]在几十万年后就会变成线条流畅的敞篷汽车。目前看起来像字母 W 的仙后座

① 这里指北斗星，在德语中，北斗星被称为 der GroßeWagen（大车星）。西汉《史记·天官书》中也有“斗为帝车”的说法。山东武梁祠石刻壁画中也载有一幅“斗为帝车”图。

之后看起来就会更像字母 S。

在一个人的生命周期里，夜空景象的这种改变却是不可见的。所以，我找了个借口安慰斯特拉说，在她的生命里，她的星星的位置不会发生改变。为了使这个解释听起来不这么悲伤，我接着对斯特拉说："一棵树一辈子都会在同一个地方。但是尽管如此，它并不会感到无聊，因为它看不出来这有什么不同。"

她立马就释然了，然后蹦蹦跳跳地回到了屋子里。我却有些莫名的伤感：现在我还可以找到借口，通过用一个新的错误掩盖原来错误的方法来说服她。但这种时候估计很快不多了。我倒希望这一时刻不要来得那么快。

晚上的时候，她躺在床上看着窗外对我喊道："快看！爸爸，那颗星星多漂亮啊！它可能就是我的星星。"

我的回答非常的"天文学"："很可惜不是，那颗不是星星，那是金星，一颗行星。"

"行星是什么？它看起来和星星一模一样。"

"不，不太一样。它不会发光。"

斯特拉眯起眼睛，很认真地盯着那个光点问道："为什么它不会发光呢？”

“因为行星并不像星星那样离我们特别远。它们绕着太阳转，就像地球一样。地球就是一颗行星。”

意识到这一点是人类历史上一个巨大的进步。当我们夜晚仰望天空时，看起来就好像地球上的我们是悬浮在一个巨大的星球中心。但事实并非如此。如今我们都知道，地球并不是宇宙的中心，而是和其他的星球一样，是一个由岩石组成的球形星体。只是现在我们已经习惯了这一切。

天文学赋予了地球在宇宙中的特殊地位。随着科技的发展，天文学更是从新的视角向我们揭示了这颗成为我们家园的行星的重要意义。当第一批宇宙飞船成功绕月球飞行时，它们便将照相机的镜头对准了地球。几乎所有人都看到过那张地球在月球的地平线上显现的著名的图片——这张图片使得地球和月球之间存在的巨大差别清晰可见。

据我们目前所知，地球是太阳系里所有星体当中唯一一个孕育了生命的星球。它看起来正如那张宇宙飞船在太空中拍摄的照片一样：无尽的黑暗中的一片蓝色的

“绿洲”。

从那时起，“从宇宙飞船拍摄的地球”的图片就在人类的集体意识中留下了深深的烙印。我们是否要采取相应的行动，那是另外一个层面的问题——但是自那时起，再没有任何人能够对我们的地球家园这无与伦比的绮丽和它的脆弱视而不见。

斯特拉就是一直伴随着这种意识长大的，我对此十分自豪。有时候会有人对天文学提出质疑。他们认为天文学让地球魅力大减，地位降低。因为它只是把地球看作普通星系中一颗十分普通的边缘性星球。但是我们现在也同样知道：与我们临近的星球没有一颗能与地球媲美。而这一点也得到了天文学的证实。我希望，斯特拉长大后会清楚地知道她生活在一颗什么样的星球上。

“即使金星是一颗行星，但它为什么不能成为我的星星呢？”斯特拉沮丧地问我。

“这个呀，你知道吗？”我对她说，“金星虽然看起来很漂亮，但它并不完美。比如说金星不适宜人类居住，和我们美丽的蓝色地球相比，那里简直就是一个地狱，这个我下次再讲给你听。”

“那好吧。”她说完就躲到了那条装饰着许多粉红小星星的被子下。

✡

在寻找属于自己的星星的过程中，斯特拉有了她首个系统性的天文发现：她有点惊奇地断定，星星的颜色不尽相同。

“有一些星星是白色或者浅蓝色的，”她对我说，“还有一些是红色或者金黄色的，我觉得这种颜色的星星比较漂亮，所以我希望我的星星是金黄色的。金黄色的星星也会更温暖一些。”

我不得不再次纠正她的错误：“不，蓝色和白色的星星温度会更高一些。”

她对此感到十分惊讶：“但是雪也是白色的，雪就很冷。蜡烛的火焰是金黄色的，就很温暖。”

“是的，你说得没错，”我说道，“但是星星上没有雪。如果说白色就一定代表温度低，那么闪电也肯定是冰冷的。但是闪电的温度是非常高的，甚至会高到可以点燃一棵树，它们可比蜡烛的温度高多了。星星也是如此，它们的温度也比蜡烛高，并且星星的颜色并不是由它的表面有什么东西在燃烧来决定的。”

因为星星的能量来自氢融合成氦的反应过程，所以从根本上说，星星就如同巨大的氢弹。它们之所以不会爆炸，简单来说，原因在于它们太重了。爆炸所产生的能量远远不足以对它们造成破坏。它们所呈现出来的颜色首先是由它们的质量决定的。质量越庞大的星星就会产生更多的能量。因此，它们的温度会非常高，并且呈现出蓝白色的光芒。星星的质量越小，产生的能量也就越少。因此，它们的温度会很低，并且呈现红金色。所以，人们可以通过星星的颜色来判断它们的质量大小。这条规则（也会有一些例外的情况）也是人们描述天文学的一个非常好的例子。天文学家会通过天文望远镜观察到光点，然后根据光点来推测人们看到的东西究竟是什么。

但是，斯特拉对这些不是特别感兴趣。她说：“我不在乎星星的温度是多少。我就想要一颗金黄色的星星，因为我的头发也是金黄色的。爸爸，你说宇宙里有黑色的星星吗？贝丽特也想要一颗星星，她的头发是黑色的。”

“这是一个非常有趣的问题，”我回答道，“宇宙中有黑色的星星，它们非常神秘，我们称它们为黑洞。下一次，我再和你说说什么是黑洞吧。”

✲

贝丽特是斯特拉最好的朋友，斯特拉和她说了找星星的事情，她现在也想要一颗自己的星星。贝丽特对此非常嫉妒。她不希望斯特拉找到了属于自己的星星，而她自己却没有。于是她跑去对她的父母说，圣诞节她想要一个望远镜作为礼物。

贝丽特的母亲打电话对我说：“我听说你已经开始为你的工作培养接班人了？”她的语气中透着一丝揶揄：“但是你确实提醒了我，现在正是让我们的宝贝女儿学点什么的时候。我应该送贝丽特一个什么样子的望远镜呢？随便买一个就可以，还是有什么需要特别注意的？”

我急忙回应道：“是的，买的时候应该要选择聚光性强一点的，这样在观察彗星和银河的时候效果会更好。你们应该为她买一个目镜至少为 50 毫米的望远镜。因为她还只是个孩子，所以不应该选择太重的。买了之后要立即试用一下，看看是否能够清晰地观测到星星。有时候会有重影，如果是这样，你就得拿回店里换一个新的。我推荐的其他配件还有三脚架、三脚架转接器以及拍照时避免反光的橡胶遮光罩。此外，一定要注意那些遮光罩的固定处，因为卖家喜欢卖些便宜货。我特别推荐你买一个 7×50 的光学寻星镜。它可以在目镜直径范围为 50 毫米的情况下，把物体放大 7 倍。通过公式物镜直径除以放大倍数等于出瞳直径，可以计算出目镜洞口的尺寸。我们在眼睛睁开的情况下，瞳孔的直径大概是 7 毫米，当然这一数据会随着年龄的变化而发生改变。我们成年人的瞳孔直径会比孩子多大约 5 毫米，这是正常的。所以我建议你们给贝丽特买一个目镜直径为 7 毫米的天文望远镜，因为她的眼睛的瞳孔直径很快就会达到 7 毫米。当然，望远镜的视界范围也不能太小。制造商提供的可校验视界大多以米或千米为单位，但我认为从角度数值上想象更直观。一块蛋糕看起来有多大呢？是把它切成细窄的还是宽厚的呢？我个人认为，角度调到七度或八度以上时是比较合适的。还有，为了在观察星星时脖子可以舒服一点，建议你们再买一个舒适的防潮垫。这样，我们的小宝贝们就可以舒服地躺在草地上，尽情地找星星了。除了这些，你还可以买一个遮露罩，这可以保护望远镜目镜在晚上免受露珠和雾气的侵蚀……”

当我话说到这里时，她打断了我。她说："够了，够了。她也就是眼下这段时间想要一个望远镜，不出几周它就会被随便扔到角落里，再也用不到了——这一点我们再清楚不过了。我想我会试试能否在易贝(eBay)上找到一个合适的。不管怎么样，我还是非常感谢你的建议，你的建议确实非常有用。我还有点事儿要忙，我先挂了，再见。”

“爸爸，”斯特拉问道，“如果我找到了属于我的星星，我可以用我自己的名字给它起名吗？”

“当然可以啊，如果你愿意的话，”我说道，“你也可以给它起一个你喜欢的名字。伽利略，就是那个研究成果被教皇严禁谈论的人，他在木星附近发现了四个亮点儿，并为他们起名为美第奇星。”

“医药星[①]？他为什么起这样一个奇怪的名字？”

“不是医药星，是美第奇星。”我纠正道，“伽利略1564年出生于意大利的比萨市，距今四百五十多年前。那个时候，宫廷贵族们很喜欢讨论科学研究。那是一个充满变化的时代，人们首次完成了全球航行，并有了许多新的发现。科学家们做了很多研究，人们对他们的研究成果也十分感兴趣。因为很多事情都无法用以往人们熟知的理论来解释。伽利略当时为美第奇家族服务，这个家族是佛罗伦萨最富有的家族之一，他们为伽利略的科学研究提供了很多帮助。首先，这个家族为伽利略的研究提供了资金支持。其次，当时伽利略借助这个家族

---

① 美第奇星 Mediceische Gestirne 和医药星 Medizinische Gestirne 发音相似。伽利略当时在佛罗伦萨的庇护人是科西莫·德·美第奇。医生在意大利语里是 medico，在与意大利语同源的法语中是 medicin，而在现代英语中 medicine 则意为药品，美第奇这一姓氏表明，这一家族最初可能是医生或药商——当然，我们知道这一家族是银行家。

的权力可以自由地进行研究并发表自己的看法，而不用考虑教会条条框框的限制。这些原因使得他更容易在科学上有新的发现。”

在伽利略所处的那个时代，哲学家们在酒足饭饱之后会进行一些餐后讨论活动。尽管这些讨论并不是关于实际的观察内容，而是为了划分职权范围、学科界限，探讨天文学究竟是哲学、神学还是数学的之类问题。但是这些讨论还是对自然科学的发展起了重要的推动作用：就如同观点分歧迫切需要一个裁决者一样，科学实验随之开始了如火如荼的发展。贵族的宫廷文化也由此成为孕育现代科学研究的摇篮。

我接着对斯特拉说道："伽利略之所以把他在木星附近找到的四颗卫星命名为美第奇星，是因为美第奇家族曾为他的研究生活提供了很多便利和帮助。"

她想了一会儿，然后说了一句我一辈子都不会忘记的话："那我应该把我找到的星星叫作'爸爸星'。你觉得这个名字怎么样？好听吗？还是你不太喜欢这个名字？"

✲

圣诞节马上就要来临了，屋子里弥漫着烤制饼干和蜂蜜蜡烛燃烧后散发出的香味。每年我在往圣诞树顶放置装饰用的星星时，我都会想：伯利恒之星[①]是不是真的存在呢？因为，直到今天对于这个问题都没有一个确切的答案。借助电脑，人们可以计算出星星在数千年间的运行轨迹。当然，有人也尝试过通过这种方式来验证：耶稣在出生的时候是否真的出现了特殊的天文现象，也就是《圣经》中所记载的伯利恒之星是否真的存在。但是，无论何种手段都无法确定“伯利恒之星”的真实性。

14 世纪时，意大利画家乔托·德·邦多纳[②]将伯利恒之星画成了彗星——扫把星。在他 1305 年的作品

① 所谓的“伯利恒之星”，是《圣经》中记载的一个奇特天体。据说，在耶稣诞生时，有几个博士在东方观察到一颗属于“犹太人之王”的星星，特地前来耶路撒冷拜见，就在博士们前往附近的伯利恒寻找时，先前看见的那颗星星，又忽然出现在前方，引领他们来到耶稣降生之处，这颗星星就是所谓的“伯利恒之星”。

② 意大利画家、雕刻家与建筑师，被认为是意大利文艺复兴时期的开创者，被誉为“欧洲绘画之父”。

《三王来朝》中，耶稣躺在马厩中的马槽里，他的上方有一颗带着细长尾巴的橘黄色火球。早在这幅画作诞生的两年之前，乔托看到过天空中出现的哈雷彗星，于是便把它如实展现在自己的作品之中。

对伯利恒之星的这种表现形式在今天仍然是最为常见的。然而，《圣经》中描述的天文现象并不太可能真的是一颗彗星。因为，彗星是按照一定的周期运行的，我们现在已知的彗星当中没有一颗是可能在公元前后出现在我们的可视范围之内的。此外，在古代，彗星总是与不幸相关，所以不会用来展现美好的事情。而且，除了《圣经》之外，没有别的文献记载这件事情，所以这颗彗星存在的真实性还有待考究。

根据另外一个理论，被新教徒们阐释为伯利恒之星的可能是一种非常罕见的天文现象——超新星。超新星是一个非常巨大的星星在发展的最终阶段所产生的爆炸现象。短时间内，它们会在天空中变得十分明亮，以至于人们可能会误认为有一颗新的星星诞生。这种规模的超新星爆炸后产生的星云，应该在两千多年后的今天仍然可以看到。但是迄今为止，天文学家们对此没有任何发现。

也许伯利恒之星的传说其实是占星者的功劳，这应该是对这一事件最合理的假设。公元前 7 世纪[①]的时候，木星和土星有一段很短时间的近距离会面。有着“国王星”之称的木星象征着古巴比伦的最高神明马杜克，土星则与以色列的国王密切相关。因为这两个行星都是双鱼座的守护星，而双鱼座在古巴比伦象征着巴勒斯坦土地。所以土星和木星的这次近距离会面可能就被解释成了巴勒斯坦新一代国王的诞生。

也许耶稣并不是《圣经》里记载的那一年出生的，而是在几年之前。这个问题最终无法通过天文学的手段得以说明。每年我都会重新在我们家的圣诞树上放一颗金黄色的星星。为什么不呢？毕竟圣诞节是作为一个家人朋友欢聚的节日，而不是作为一个科学事实被大家所熟知。

✲

平安夜前不久，斯特拉和她的朋友贝丽特来到我身边，然后伤心地对我说：“斯文说了，幸运星根本就不

① 原文如此，时间为公元前 7 世纪。公元前 7 年木星和土星确实有过几次距离很近的时刻。

存在，那只是人们的想象。”

这使我陷入了一个两难的境地。我既不想让斯特拉和贝丽特失望，又不想在星星和我们的生活之间编造一个并不存在的联系。之前，我也从来没有说过，星星会给她带来好运。但我现在意识到了，她从一开始就自然而然有了这种推断。

我没有正面回答她们的问题，而是对她们说："其实大部分星星的名字都源于阿拉伯语。水瓶座中三颗最亮的星星叫作 Sadalmelik（危宿一）、Sadalsuud（虚宿一）和 Sadachbia（坟墓二）。你们知道它们的名字是什么意思吗？Sadalmelik 是帝王的幸运星，Sadalsuud 是万物的幸运星，Sadachbia 是帐篷的幸运星。你们看，以前只有皇帝才有自己的幸运星。但是现在不一样了，今天的我们认识许多星星，每个人分一颗都足够了。我们不需要再通过万物的幸运星来给自己带来幸运，我们每个人都应该找到属于自己的幸运星。所有的星星都是幸运星，而且每个人都有一颗。每颗星星都是独一无二的，就像我们每个人一样。”我转身对贝丽特说："你转告你哥哥，请他到我这儿来一趟，我有些话想和他说。”

斯特拉和贝丽特互望着对方，心中的思绪在不停飞转，她们在考虑是否应该相信我。我内心十分紧张，我不知道我作为父亲和天文学家的身份是否足够权威来说服她们。最后，我的身份终于起了作用，她们还是选择相信我。于是，她们对着彼此坚定地点了点头。当她们出门的时候，我听见斯特拉对贝丽特说："斯文说的肯定不对。我的爸爸是一名天文学家。"

贝丽特对她说："只要我拿到了我的天文望远镜，我一定很快就能找到我的星星。"

接着斯特拉说道："不，我一定会先找到的。"

孩子们很喜欢比赛。为什么不呢？为什么斯特拉和贝丽特不能在观察天空和寻找自己的星星过程中进行比赛呢？如果美国人没有好胜心的话，他们就不可能赶在俄罗斯人之前登上月球。早在十多年前，一些天文学家就为谁能发现第一颗太阳系之外的行星而展开竞争。科学的真理是永恒的、无限的，但没有一个科学家会没有成为第一个发现它的人的野心。如果科学家们都不这样的话，那孩子们又会是什么样子呢？（或者说我们的科学家从来就没有摆脱与生俱来的一些孩子气？）

✫

在圣诞节期间，天文学家们也常常会进行一些思考。例如，在这几天里，我有时会问自己，宇宙之中是否真的有上帝存在？斯特拉对上帝的存在充满质疑。我不禁扪心自问：我为什么很难理解她的这种行为？昨天，斯特拉才对贝丽特说："这个世界上当然有圣诞老人啦，如果圣诞老人不存在的话，那复活节兔子肯定也不存在了。"

斯特拉这个奇特的逻辑关系给我留下了深刻的印象。我们天文学家正在寻找一个没有内在矛盾的逻辑世界体系。所以，我们经常会思考，为什么这个世界是这个样子，而不是其他的模样。我们的回答是：因为自然法则。我们认为，自然法则是整个世界蓝图的基础。

然而，自然法则有许多惊人的特点。例如，如果它们在某些方面只是略微发生一点改变，那么在宇宙中就不会产生碳元素，而碳元素是我们所有已知生命的化学基础。

人们可以称之为令人愉悦的机缘巧合，而不再对此做进一步的思考。但事实上，有太多这种令人惊讶的巧合——无数物理量的数值似乎专门为我们的存在而量身定制。它的数量是如此之多，以至于让人感觉只有在书本上才能看到这种离奇的巧合。所以说，我们是不是应该假设真的有上帝存在？它（他）创造了我们，并把经过他深思熟虑之后创造的一切呈现给了我们。

也不一定。也许有人会认为，或许存在许多多少有些不同的宇宙。这些宇宙大部分由于不利的特性而无人居住，只有少数具备产生和维持生命的条件。我们不过是安家在为数不多的这几个适宜生命存在的宇宙之一。这样说也十分符合逻辑。

这个观点被称为“人择原理”（源于希腊语Anthropos）。简单来说就是：因为我们的存在，所以我们的宇宙一定是适宜人类生存的。因为根据定义，在不适宜的宇宙中就不会存在抱怨这种不适宜的人类。人类根本不会考虑居住在那些不适宜的宇宙之中，而只会选择适宜的宇宙。

但这真的是明智的选择吗？接受无数个宇宙而不是单一的宇宙，这明智吗？也许人们应该考虑一下这一点：这个世界上不只存在一个太阳（我们的太阳），还有非常多其他的星星。这个世界上不只存在一个地球，还存在许多一样的星球。这一点已经随着我们的天文学发展得以证实。既然如此，那为什么不会存在许多其他的宇宙呢?

很长时间以来，人们都一直在竭力证明或者推翻上帝的存在，但是所有人都没有成功。其他宇宙的存在也从未得到证实。但是，接受它的存在并非不合逻辑。必须承认，人择原理，也就是通过假设存在无限数量的宇宙来证明我们自己存在的合理性，这和通过复活节兔子来证明圣诞老人存在的逻辑有些相像。

在圣诞节期间，我还思考了另外一个问题：我们是否会在宇宙中遇见另一种文明?以及我们应该对它说些什么，该向它传递些什么样的信息?在当前可以预见的时间范围内，似乎并不会出现这种相遇，但这一点谁也不敢保证。毕竟，早在几十年前，我们人类就向宇宙发送了我们的名片。

1972 年，美国发射的先驱者 10 号探测器首次对木星进行了近距离探索研究。1973 年 12 月，探测器近距离飞过这颗巨大的行星，并在这次太空会面的过程中，向地球发回了许多迷人的照片和一些重要的物理数据。先驱者 10 号在成功飞掠木星后，在没有推动力的情况下，继续朝恒星际宇宙的深处飞去。因为，在那个空间里，飞行器只要达到足够的速度，就没有什么东西可以让它停下来。

当然，没有人知道先驱者 10 号是否会被某个外星物种发现。它继续向金牛座 α 星飞去，那是一个距离地球 70 光年的星球，如果没有任何意外的干预，它将在大约 200 万年后到达那里。那里会有高等生物吗？如

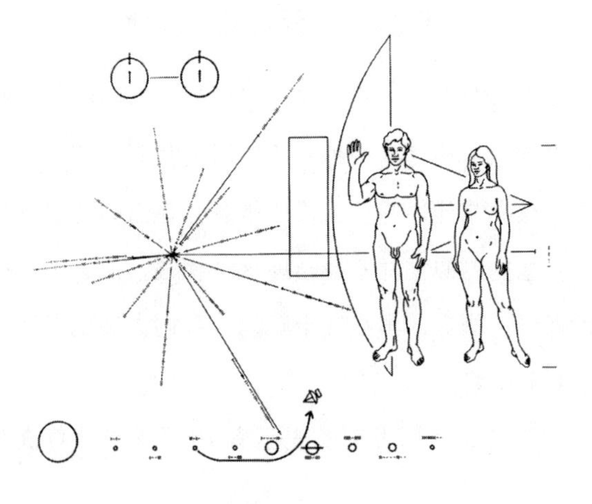

果有的话，他们又怎么样才会注意到这个默不作声的小小飞行器？先驱者10号就是浩瀚宇宙大海中的一个漂流瓶。

但我们其实让先驱者10号携带了一条信息，在船壁上镶嵌了一块附有各种符号的镀金铝板，镀金铝板的右方绘有一男一女的真实比例画像。在人类画像的后方，绘有先驱者探测器的轮廓。这个轮廓的大小表示了人类相对于这艘探测器的大小。铝板的最下面是太阳系的示意图，左边是太阳，右边是水星到冥王星这九颗行星，借此显示出了探测器是从哪颗行星发射出来的。上面的射线图里包含了太阳与一系列脉冲星之间的距离的信息——特别是宇宙中灯塔状的物体，从而使探测器的可能发现者能够准确地了解太阳系，并可以将太阳识别为星星。铝板上还有一个图像指示了氢原子的一个特性，掌握物理学知识的外星人便可以从中推导出脉冲星的间距的长度刻度。

美国宇航局在探测器发射之后，公布了镀金铝板上的绘图。这立刻引起了轩然大波。有人指责绘图中的男女竟然赤身裸体，有人批评其中的女性显而易见处于被动的地位，还有人对两人明显均为白人表示了深深的不满。但是不管怎么样，这块镀金铝板就如同是一张名片：它包含着我们的相关信息和我们在宇宙当中的位置。如果外星人能够发现并解读它，那么他们就会知道我们身处的世界。

这其中包含的信息不少，但也不算多。1977 年，旅行者 1 号发射升空，人类又继续向前迈出了更远的一步。除了关于我们自身和我们在宇宙中的位置的信息外，在旅行者 1 号上还携带者一张有着 5 亿年寿命（如果这期间探测器没有因外部影响而被破坏的情况下）的铜制镀金磁盘唱片。唱片上储存着一些图片和音频文件，包括多种语言的问候语，风声、雷声和动物声音以及一个半小时的音乐，这其中就有来源于莫扎特《魔笛》中的经典名曲《夜后咏叹调》[①]。即使 5 亿年后，我们人类已经在地球上消失，但莫扎特的音乐仍会借此存在。

斯特拉的爷爷奶奶送给她的圣诞礼物就是儿童版的《魔笛》。从那之后，我们家里就时不时会响起《夜后咏叹调》。说不准有一天，真有外星生物会听到《夜后咏叹

① 莫扎特名作，又名《复仇的火焰在我心中燃烧》。

调》而初次接触我们的古典音乐。莫扎特的曲子不仅会在我的家里回响，也可能会在数光年外的某一个外星球上荡漾。想到这一点，怎么能让人不心潮澎湃。

✫

从圣诞节开始，斯特拉就开始像乔托一样画着“她的”星星。她给星星画上了长长的尾巴，这样它看起来就像奔马一样在夜空中飞驰。她觉得自己的星星就像伯利恒之星一样漂亮。虽然彗星有时候被称为扫把星，但它们并不是星星。它们自身并不会发光，而是主要由冰和岩石融合组成的数千米大小的物体。即使每颗彗星都像一座飞行的珠穆朗玛峰，但在茫茫宇宙中看来，这种大小的规模可以说是微不足道。

彗星的飞行轨道非常奇特，并且一直延伸到宇宙深处。它会在很短一段时间内接近太阳，并围绕着太阳飞行。然后数十年，甚至数百年里又远离太阳，在宇宙深处开始新一轮的孤独旅行。太阳系的边缘又冷又黑，所以大多数的时间里人们都无法看到它们。

只有在太阳附近时，彗星才会开始发光。在太阳光热的照射下，它表层的冰物质开始融化、蒸发，冰层中夹杂的尘埃得以释放。它们会融入太阳发出的一股带电粒子流当中，也就是所谓的太阳风。太阳风会把彗星中的尘埃卷起但又不会让它们飘离。这就有点像吉普车行驶在炙热的荒漠旋风中一样：车辆扬起的尘土在风中飘扬，风会携带着卷起的沙粒一起飞翔。因为彗星上的物质反射了太阳的光芒，所以我们从地球上就可以看到它扬起的尘土，也就是主尾（还有第二条，较弱的彗尾）。随着彗星驶入宇宙深处，它就回到了它原来的模样——由冰物质和岩石构成的黑色碎块。

我应该建议斯特拉不要找一颗彗星当作自己的星星。因为每颗彗星只会在很短一段时间内展现它华丽的姿态，之后便是在茫茫夜空中孤寂而又漫长的旅行。

有一天晚上，当时夜已经深了，小朋友早应该上床睡觉了。我把斯特拉抱在怀里，然后对她说："宝贝儿，你好像重了一些啊。"我说这话的时候就像许多人一样，并没有考虑太多就脱口而出。

她紧紧地抱住我，满脸睡意，但还是一本正经地对我说："人们在很困的时候就会变得比较重。"

她的回答简单而又清晰，但却深深地吸引了我。困倦是有质量、有重量的，所以会让我们的身体变重。我觉得，这个想法很有趣。根据爱因斯坦著名的质能方程 $E=mc^2$，所有的东西都应该是有质量的。那为什么困倦、欢乐、爱慕之类的情感就不能有质量呢？谁敢说爱情不是一种物质？众所周知，物质是可以相互吸引的。正是由于引力的作用，所以一些消极的情感，比如仇恨才会变得错综复杂。

此外，这其实反映了引力在宇宙中的重要作用。可以说，万有引力是将宇宙保持在一起的黏合剂。宇宙中没有什么不受它的影响。正因为它的存在，我们才能牢固地站立在地球上（这就是为什么它也被称为重力），月亮才会沿着轨道围着地球绕行，太阳方能固定在银河系之中。

关于万有引力的最著名轶事来源于艾萨克·牛顿。据牛顿说，秋日的一天，他坐在林肯郡家中的花园里。这时候，他看到一个苹果从树上掉了下来。他不禁陷入沉思：为什么人们会说，苹果掉到了地上？如果是一只蚂蚁来看这个苹果，那应该是完全相反的景象。它肯定会觉得是大地落到了苹果上。正是在这种对称性中，牛顿发现了万有引力的本质：物质会相互吸引，并做相向运动。

我们之所以会说，是苹果掉到了地上，这是基于大小尺寸问题而做出的判断。如果苹果更大，比如说和月球一样大的话，那么苹果对地球的引力作用也必然是十分明显的。比如说，正是月球的引力作用，所以地球上才产生了潮汐和洪水之类的自然现象。根据这一点，牛顿最终发现，一个下落的苹果的运动和月球的运动在物理学上其实是出于相同的原因。

像所有激发灵感的故事一样，我们应该谨慎对待牛顿苹果树的这个轶事。牛顿本人也是在发现了万有引力数十年后才提起了这个故事。也许他的这个故事完全出于杜撰，他这么做其实只是为了更形象、更直观地说明他的理论思路。因为物理学家们经常有这样的困扰：大多数人总是认为他们的想法太过于抽象。

也许那天晚上，我应该问问斯特拉，她觉得为什么苹果会掉到地上——孩子们有时会比成年人找到更为简洁、更为恰当的答案。但是，我当时并没有这么做。因为她早已趴在我的肩上，进入了梦乡。她似乎变得更重了一些。所以说，睡眠明显也是拥有质量的。

✲

最近，斯特拉在学校里学了什么是季节。“一月、二月、三月、四月——年份的时钟从来不停歇。”这是一首她偶尔会自己反复哼唱的小儿歌里的歌词。事实上是地球一直在不停地转动，但我不想让她的生活里过多地充斥着天文学。

“在很久很久以前，”我进一步对她说，“大约三千年前，人们就发现，在两个夏季之间有 12 次满月，所以人们就把一年分成了 12 个月份。但是，当时的区分方式并不很准确。因为也存在一年有 13 次满月的情况。很多民族的文化里在解释这个问题时都遇到了一点困难。这就有点像《耶路撒冷之行》中的一句话：12 个月份无法涵盖一年中所有的满月。”

“为什么会这样呢？”斯特拉好奇地问道。

“是这样的，”我回答说，“12 次满月大概需要 355 天，但是一年有 365 天。如果人们仅仅按照月亮变化来计算的话，那么一年就少了 10 天。在第一年的时候，这并不会造成多大的影响。但是三年之后，整个下来就会少计算 30 天，也就是大约一个月。这就意味着，一月变成了十二月，十二月变成了十一月，十一月变成了十月……如果按照这种方式持续计算更久的话，比如说持续 18 年，那么六月份就会变成深冬，十二月份就变成了盛夏。这样一来就会给我们的生活带来很多影响。比如说，你可能就会一直在另外一个季节过生日。我们也许就会在夏天庆祝圣诞节。”

“那不行，夏天是不会下雪的。”

“其实嘛，这样也是可以的，”我说道，“比如说在澳大利亚或者在南非就是这样，但他们这么做有特殊的理由。在一些文化中，宗教节日和宗教仪式是按照阴历来计算的，比如说伊斯兰教或者犹太教。伊斯兰教的斋月就是这样的一个节日。这个节日需要遵循‘见月封斋，见月开斋’的规则，所以这个节日就可能分别在春夏秋冬四个季节里出现。我们几个星期后要庆祝的复活节也是根据月亮的变化来计算的。春分月圆后第一个周日是复活节。这是一个很复杂的规则，所以就可能会出现复活节的时间推迟一个多月左右的情况。复活节日期最早为 3 月 2 日，最晚为 4 月 25 日。而狂欢节和圣灵降临节也要根据复活节的日期来确定。”

“那我的生日也会在阴历年里一直往后推迟吗？”

我点了点头，回答说：“是的，你的生日可能会在大雪纷飞的冬天里，也可能在炎夏的泳池里度过。”

“这还挺有趣的。”

“那你最希望在什么时候过生日呢？”

对这个问题，她很快就有了答案：“我希望每个月都过生日！”

春

点，点，逗号，线

画完就是圆圆的脸

圣诞节结束了，天气变暖了，复活节临近了。白天已经明显变长了——宇宙时钟还是值得信赖的。带着一丝悲伤，斯特拉不情愿地告别了圣诞节。她其实很喜欢早早就暗下来的夜空和满天的繁星，特别是现在她被当作天文知识的小专家的情况下。

不久前她对我说：“爸爸，为什么复活节的时候人们不是往树上挂星星而是挂鸡蛋呢？”

“这是一个古老的传统，”我说道，“鸡蛋是一种春天的标志。”

“为什么呢？”

“鸡蛋象征着新的开始，新的生命。春天里，大自然重新焕发生机。世间万物经过冬天的沉睡，在春天里再次苏醒。”

“你觉得圣诞节和复活节，哪个更好？”

“两个都很好。”我说道。

“但是以前天上应该只有星星，没有鸡蛋吧。”

“没错，是这样的。”我说道，“星星很久以前就有了，以后也还会不断出现新的。”

斯特拉对我的回答感到很惊讶：“但是天上一直都有星星吧，耶稣出生的时候不就有星星了吗？”

“你说得对，耶稣出生的时候就有星星了，但是它们不是一直都有的。宇宙也不是一直都有的。虽然宇宙现在很古老，但是它也年轻过，甚至是非常年轻。其实你也可以说，很久以前，它是从一颗蛋中孵出来的。再以前的事情，我们就不知道了。可能根本就没有再以前吧。有时候，我们天文学家会问自己，宇宙到底从哪里来，它以后又会变成什么样子。我们对这个问题的研究就叫作宇宙学（Kosmologie）。宇宙学源于希腊语 Kosmos。宇宙这个词最初的意思是首饰。

“古希腊人认为宇宙就像环绕着地球的一件漂亮的首饰。我认为，这是一幅很美的画卷。我甚至有点觉得，他们肯定认为这波澜壮阔的宇宙是永恒的、不变的。但是由于种种原因，这一点其实并不准确。其中一个理由是，如果宇宙真的是永恒不变的，那么夜里天色就不会变暗。

“等下次我们有时间的时候，再向你解释这个问题。所有的这些东西，整个宇宙学，都太复杂了。但是如果你能懂一些宇宙学知识的话，还是非常有帮助的。比如说：宇宙是在不断发展变化的；宇宙其实就像植物一样，会从一颗种子开始慢慢长大；而且，宇宙最终甚至孕育出了生命。我们生活在一个生机勃勃的宇宙中，因为鸡蛋象征着新生命，所以复活节和圣诞节我都很喜欢。”

晚上，斯特拉手里拿着东西来找我，那是她自己画的一颗复活节彩蛋。这颗彩蛋是深蓝色的，上边还有些银色的小点。她对我说：“这是送给你的。”

✫

与我不同，斯特拉绝不会把汽车导航看作一个神奇的东西。电脑、手机和会说话的毛绒玩具一直伴随着她的成长。一个能发声的小屏幕就能告诉我正确的行驶路线，但这在她看来并没有什么值得大惊小怪的。

为了唤起她对电子产品的些许敬畏之情，不久前，我对她说："导航系统之所以能够运作，是因为有许多围绕地球转动的人造卫星在不断地接受和处理信号。这些卫星以每小时两万千米甚至更快的速度在宇宙中穿梭，并同时把信号传送给我们。这有点像航船和灯塔的关系，但其实情况要复杂得多，因为灯塔并不会在海平面上行驶。"

"哦。"她并不太热情地回应了一声。

"人们需要一个非常高明、精湛的理论来让这些小匣子正常运转起来。这个理论就是著名的相对论。根据这个理论，在我们活动的时候，我们的钟表会比我们停下来时要走得慢。这难道不是疯了吗？但事实的确是这样的，宇宙中卫星上的钟表比地球上的钟表要走得慢。

现在，你想象一下，你要和一个人约会，但他的表和你的表走的速度不一样。这样肯定不行。你们的约会一定会失败。”

“哦。”斯特拉还是不太热情地回应了一声。

“但你要知道，发明导航系统的那些科学家，他们也不太相信相对论。他们认为，一只手表，只因为跟随着卫星在太空中飞行，它就比地球上的手表显示的时间慢，这是不可能的。所以他们最初在设计导航系统的时候完全没有考虑这个问题。他们认为，这简直是胡闹，爱因斯坦纯粹是在胡说八道。但最终的结果是什么呢？这些科学家向太空中发射了卫星，并试图根据这些卫星发回的无线电波来确定人们在地球上的位置。刚开始的时候，整个系统运作还算正常，因为在发射卫星时，他们将卫星上的时间与地球上的时间调成了一致。但随着卫星在宇宙中飞行的时间越长，整个系统的故障就越来越多。仅仅在一天内的误差就能达到几百米！你想象一下，这情况有多么严重！”

“哦。”斯特拉仍然是不太热情地回应了一声。

“几百米！这种误差已经是非常大了。在我们回家的路上，如果出现几百米误差的话，我们可能就跑到贝丽特家里去了。这还仅仅是一天的误差！一周的误差就会把我们送到你们的学校啦，或者说不定什么时候，我们就跑到亚历山大广场去了。这样的话，整个城市就会变得一片混乱。那些发明导航系统的工程师也意识到了这一点。运动的钟表比不动的钟表要跑得慢，尽管他们仍然觉得这一点很难理解，但他们最终还是选择接受相对论。你看，仪表盘上的这个小机器正好验证了爱因斯坦的理论是正确的。这听起来很神奇，是不是啊？”

“哦。”斯特拉依旧是不太热情地回应了一声。

这时候我意识到，她对我的这一通长篇大论并不太感兴趣——这样说已经算是比较客气了。但既然已经开始了，我就想再多说几句：“我们在地球上怎么来定位呢？这其实并不容易。你想象一下，如果那些在白纸上爬来爬去的蚂蚁就是我们，而且我们的导航系统还坏了，那我们可怎么办！如果我们想要和一个蚂蚁朋友约会的话，这还不是什么难事。因为我们可以通过手机（作为蚂蚁的我们有许多摆动着天线的小手机）约定好约会地点，比如说把纸的右下角作为约会地点。如果纸是圆形的话，我们可以在纸的中间见面。但是如果我们生活在一个洁白无瑕而又无比光滑的球上，比如说在一个完美无缺的大乒乓球上，那情况看起来就不太乐观了。我们无法在球面上找到一个可以确定的约会地点。所有的点看起来都一样，每个点周围的一切也都是一模一样的。我们所能做的就只剩下在这个球面上不停地四处乱逛，期待着某个时间可以与我们的蚂蚁朋友偶然相遇。”

“哦。”斯特拉仍旧是不太热情地回应了一声。

“所以我们的处境是非常糟糕的。如果这个球转起来的话，那么情况就会更糟。每个转动的物体都有一个转轴，就像我在一个甜瓜中插入一根烤肉签那样。烤肉签与甜瓜表面接触的那两个点叫作极点。如果这个球转起来的话，我们就可以和我们的蚂蚁朋友约定在这两个极点见面。我们需要做的就是和我们的蚂蚁朋友约定到底在哪一个极点见面。我们伸出我们的右手，竖起大拇指，轻轻弯下其他的手指，这就可以了。如果我们其他的手指和烤肉签转动的方向保持一致，那么拇指指示的方向不是南就是北。这样就行了。只要我们确定我们这颗像乒乓球一样的星球相对于天空中某一个固定的点是朝某个方向转动的，我们就能在南极或者北极见面了。作为地球上的人类，我们通常把太阳看作一个固定点。这棒极了，是不是啊？如果人们能明白地球是一个转动着的球，人们其实就不需要导航系统了。我们只需要稍微思考一下，就能找到方向了。”

“哦，”斯特拉说，“你刚才忘了转弯了。”

“什么？”

“导航说，你应该右转。”

“是吗？我完全没听到。”

“没关系的，爸爸，”她安慰我道，“导航系统会更新路线的，它永远都知道我们在哪儿，它还是比你聪明一点。”

我轻轻叹了口气，点了点头，然后等待着导航的下一步指示。

✫

斯特拉的房间是我们家一间朝北的屋子。每天晚上，她望向窗外时，眼前看到的星空总是一样的：仙王座、仙后座、小熊座、天龙座，还有大熊星座。尤其是组成大熊星座的肚子和尾巴的七颗星星（北斗七星）格外引人注目。这七颗星星组合到一起也被称作大车星，因为它们看起来像是一辆旧时的马车，马车的前部还带有可以套住动物的车辕。

在寻找自己星星的无数个夜晚里，斯特拉都会在组成大车星的这七颗星星中挑选出最亮的那一颗。但她始终无法在大熊座 α 和大熊座 ζ [①]星之间做出选择。大熊座 α 星是位于马车车厢后侧上方的那颗星星，大熊座 ζ 星则是位于马车车辕的中间。

“我觉得这颗更亮一些。”她最终指着大熊座 α 星说道。仅凭肉眼几乎是无法区别的，于是我便查阅了一下星谱图。在星谱图里，星星的颜色分为不同等级，人们称之为星星的谱型。我发现大熊座 α 星的温度要低一些，但它比大熊座 ζ 星的色调更红一点。所以说，斯特拉的观点是正确的。

“你知道吗？”我在查阅之后告诉她，“大熊座 α 星并不是一颗星星，而是由四颗星星构成的一个星系！这并不常见，甚至可以说非常特别！我们的太阳是一颗

① 希腊字母 Z 的小写。

单独的星星，但是许多其他的星星都是两颗或三颗组成一个体系，它们就像舞蹈家一样围绕着彼此旋转。因为它们离我们实在太远了，所以看起来如同一个整体。但是通过高倍数的天文学望远镜或者一些精密的仪器我们就能看出来，它们其实是两颗或三颗星星。大熊座 α 星的主星是一颗闪耀着橘色光芒的巨星，它有太阳的 30 倍那么大。想象一下，如果天上的太阳变成现在的 30 倍大，那它看起来就像你的这扇窗户这么大，或者像前面的那棵树，或者像……”

斯特拉打断了我：“我不知道，爸爸。我觉得，我更想要一颗小星星，不想要太阳的 30 倍那么大的星星，也不想要四颗星星在一起的那种星星，我又不是四个人。”

这样一来，大熊座 α 星对她来说就没有任何意义了。我再也不用向她介绍大熊座 α 星在大车星系中有多重要了。如果我们在大熊座 α 星的后面延伸一条线，这条线就可以一直通到北极星，它就是通过这种方法在几千年以来一直向人们指示北方方向的。但其实反过来想想，我为什么现在就想要让斯特拉知道这些呢？

她至少最近一段时间内不太可能会在野外用大车星来辨别方向。如果真的需要的话，她事先肯定会买一个导航仪的。

✲

有些儿歌我们一辈子也不会忘记。有一首是这样唱的："点，点，逗号，线。画完就是圆圆的脸。"当然，斯特拉也会唱这首歌。不久前，当耀眼的满月在地平线上冉冉升起时，斯特拉对我说："爸爸，月亮上真的有人吗？"

"不，没有。只是有时候月亮上碰巧看起来像是有一张人脸一样。月亮的表层是由不同的岩石组成的，所以它有的地方亮，有的地方暗。因为月球上有山脉，所以会有背阴面，还有月球和其他天体碰撞后留下的陨石坑。因为我们人类实在太渴望在月亮上看见面孔了，所以我们就发挥想象力将月球上的向阳面和背阴面联想成了一张脸的轮廓。有趣的是，这其实主要是反映了我们的想象力而不是月亮上的真实状况。"

"哦。"她若有所思地问道，"当人们登上月球的时候，那里没有人吗？”

“是的，没有。”我说道，“这一点之前谁也没想到。而且，因为月球上没有供人类呼吸的空气，所以宇航员才不得不穿着巨大的宇航服，还背着氧气罐。我觉得那真的是激动人心的一刻，人们可以在电视上见证整个登月过程。宇航员们像大袋鼠一样，在月球表面上蹦来蹦去。”

“爸爸，我不太明白。为什么宇航员不会从月球上掉下来呢？他们从火箭里出来的时候，不应该是直接摔到地球上吗？人们也不可能从飞机里跳出来啊。”

“是这样的。你知道，月球其实像地球一样是一个巨大的球体。你知道磁铁是什么吧，冰箱贴就是因为有个小小的磁铁，所以才能贴在冰箱门上面的。否则，按常理来说它本该从冰箱门上掉下去的。在地球上还有在月球上也是同样的道理。在天体中，这个磁力叫作引力。引力使我们能够感受到重量，也使我们自身有重量，并将我们固定在我们所在的星球上。也正是如此，宇航员才不会从月亮上掉下来。月亮会抓住他们。”

“但如果他们在月亮的底面降落的话，那么他们就只能头朝下走路了。这样就算月亮会抓住他们，也肯定很不舒服。”

“不，不是这样的。”我说道，“从我们的角度看他们好像是头朝下在走路，但对于宇航员来说，他们是脚朝下在走路。如果你到月球上散步的话，你会发现，你看到的地球跟我们现在看到的月球的情况是一样的。在月球上的宇航员看到的是地球悬挂他们的头顶。他们也可能会想，所有地球上的人都会掉下来，或者认为，所有在地球底面的人都是头朝下走路。但是地球上的引力使我们感觉地面一直在我们的脚下。同样，对月球上的宇航员来说，月球的地面也一直是在他们的脚下。”

她想了想，然后对我说：“爸爸，你知道吗？有一次妈妈不小心把冰箱门关得太重了，所以所有的冰箱贴和小字条都掉下来了。它们滚到了地板上，还有洗碗机后面，因为那会儿冰箱有点摇晃了。你知道吗，爸爸？地球也会像冰箱一样摇晃。这个我知道，斯文曾经说过。他说，地球甚至会摇晃得很厉害，房子都会倒的。那我们会从地球上掉到哪里呢？”

表面印象的力量是多么强大啊！我抬头看了看月亮。现在，它已经升到我们家花园灌木丛的上方了。升起来？不，当然不是了，但看起来就是这样。月亮看起来好像是升到了天上然后又落了下来，就像一条腾云驾雾的龙一样。突然，我感觉月亮的表情像是变了。五分钟前，我还说月亮上的那个人是虚构的。这会儿，他就开始向我复仇了。他像是在嘲笑我始终还是没能向斯特拉解释清楚，引力到底是怎么回事。

几天后，斯特拉又来到了我的身边，她对我说："现在我知道为什么所以东西都往地球上掉了。因为宇宙是一个大圆球，我们在正中间。"

从这一点上来说，斯特拉算是托勒密学说的支持者。在长达两个世纪的时间里，都不曾有人怀疑过托勒密[①]的地心说。人们从来没有考虑过，地球会转动——人们以为，如果地球在转动的话，那么一定能感觉到。除此之外，星星没有变得离我们更近，这也证明地球自己不会运动，而是静止在宇宙的中心位置。托勒密将他的这种想法全写到了举世闻名的《天文学大成》这本书里。16世纪之前，这本书都被尊为天文学的标准著作。

---

① 克罗狄斯·托勒密（约公元90年—公元168年），罗马帝国统治下的著名天文学家、地理学家、占星学家和光学家。

但是现在来看，这里面的许多内容其实都是错误的。

“虽然看起来我们好像是处在宇宙的中心。”我说道，“但是实际上，宇宙是没有中心的。”

这一点让她无法理解。按照她的思维方式来看，所有的东西都有中心：一个球、她的房间、校园。所以宇宙也一定有一个中心。要她改变自己的想法，这并不容易。

我说道：“我之前给你讲过一个蚂蚁的故事。那只蚂蚁在一个大乒乓球上爬来爬去，想要和它的朋友见面。这是非常困难的。因为它们两个都不知道，它们应该约在哪里碰头。到处看起来都是一样的，乒乓球上的每个点和其他的点看起来都一样。这个时候说：‘我在这里。’这其实是没有什么意义的。因为在乒乓上，‘这里’和其他的‘这里’看起来是一模一样的。

“这真的是一个无法摆脱的困境。现在，你想象一下：这个乒乓球变得比第一次大很多很多。而且，它也不是白色的，而是黑色的，就像漆黑的夜晚一样。此外，还有无数闪烁的小星星点缀着它。

“这会儿，你再想象一下，当我们的这只蚂蚁向四周环顾的时候，它能看到什么。作为一只蚂蚁，它就不能抬头向上看了，而是只能向前、向两边和向后看。它的周围是看起来几乎一样的星星。所以它可能就会觉得自己是处在宇宙的中心。正当它这样想着的时候，它的那个晃动着许多天线的手机响了。‘喂。’它很开心，因为这是它一直在寻找的蚂蚁朋友打过来的，‘你在哪儿？’‘你猜一下。’它的蚂蚁朋友说道，‘我在宇宙的中心，你快来吧。’‘这不可能啊。’我们的蚂蚁惊讶地说道，‘因为我就在宇宙的中心啊，但我看不到你啊，你不可能在宇宙的中心。’‘怎么不可能。’它的蚂蚁朋友反驳道，‘我的周围全部都是星星，每个方向都有很多，这说明我就在宇宙的中心。’‘我这儿也是这样的。’我们的蚂蚁疑惑地说道，‘这怎么可能呢？’”

“你看，”我对斯特拉说道，“这种情况其实很容易理解。如果我们清楚，它们两个是处于一颗均匀布满了星星的巨大球体上，这一切就很合乎逻辑。它们生活的球体从哪个点望出去都是一样的。每一个点看起来都像是宇宙的中心。但是实际上两只蚂蚁所在的宇宙根本就没有中心，只是看起来有，这不过是一种错觉。”

“那这两只蚂蚁怎样才能找到对方呢？”

“在那颗白球上是不可能的。但是，现在它们可以通过星星来辨明方向呀。也许那颗球的上方有一颗双方都能找到的非常明亮的星星。还有一些非常与众不同的星星，它们一闪一闪的就像灯塔一样。这样的星星就可以作为它们的约会地点。或者等你找到了你的星星的话，你也可以和 E.T. 约定在你的星星上见面。E.T. 肯定认识你的星星。”

“但是，爸爸。我还不认识我的星星啊。”

“你肯定会找到它的。”我说道。

“到底什么时候我才能找到它啊，爸爸？”

我摸了摸她的头。天文学家有一个孩子们没有的美德：耐心。

✲

几天前，斯特拉和她最好的朋友贝丽特吵架了。我时不时会给斯特拉讲述一些天文学的小知识，这使她觉得自己可以说是所有天上问题的专家。如果遇到不太懂的问题，她就会即兴发挥。

争执的具体内容是关于哪个天体离地球更近：是月亮，还是太阳。贝丽特坚信她哥哥斯文的说法：月亮比太阳离地球近。斯特拉反驳道："不是这样的！太阳离地球更近，否则它就不会比月亮更亮更热！这些星星距离地球都非常非常远，所以它们看起来才那么小。这些都是我爸爸说的！"

令我吃惊的是，人们居然会这样来看待问题。正确的思考也有可能会得出错误的结论。她们的争执正是这样一个典型的例子。我拿了一张纸，画了一个点，然后对斯特拉说："这是太阳，它位于太阳系的中心位置，地球在一个大圆圈上围绕着太阳运动。你看，就是这样的。"我边说边在太阳周围画了一个圈，然后在圈上画了一个点当作地球。在这个点的周围我又画了一个小圈，说道："这是月亮绕着地球运行的轨道。这整个就像是一个旋转木马，木马上边又有一个可旋转的吊篮。月亮和地球一起在围绕着太阳运动的同时，月亮也在它的轨道上围着地球运动。所以月球离我们比太阳离我们要近得多。太阳跟我们的距离大约是月亮和我们的距离的 390 倍。但是太阳更大更亮，所以尽管有这么远的距离，太阳也比月亮更明亮。”

然后，我在地球轨道里面画了两个圈，分别代表水星和金星的运转轨道。紧接着，我又在地球轨道的外面为火星、木星和土星画了三个圈。我说道：“这是其他五颗人们能用肉眼看到的行星的运转轨道。这五颗行星分别是：水星、金星、火星、木星和土星。金星你已经发现了，你想要它成为你的星星，但它是一个行星。行星这个词已经很老了，源于古希腊语‘Planetai’，意思是‘漫游者’，因为行星和星星不一样，它们在天上是移动的。这一点古希腊人已经发现了，但是他们无法解释它们移动的原因。因为他们认为，不管行星怎么移动，它们都是绕着地球运动的，但事实并不是这样的。”我又指了指那张有太阳还有六个圈的画：“从上面看，整个太阳系就像是一张唱片：唱片中间的洞是太阳，歌曲中间的纹路就是行星运行轨道。这个系统非常简单。但是如果有人把地球当作中心的话，那么他们就无法理解这些。这就好像人们在唱片的倒数第三首歌的位置上钻个洞，再来播放它。这样听起来肯定是非常奇怪的。

“四百多年前，哥白尼认为事实并非如此，所以他提出了截然不同的观点。他把太阳当作这个星系的中心，他是第一个这样来播放这张星系唱片的人。他认为，地球是一个行星，和其他的行星一样围绕着太阳运行。他将自己的学说命名为日心说（Helios），这个词在希腊语中是太阳神阿波罗的意思。另一名天文学家，约翰尼斯·开普勒发展了哥白尼的思想，并将太阳系的对称性和有机结构与音乐美学进行了对比。他写了一本名为《宇宙的神秘》的著作。在这本书里，他提出了著名的三大自然定律，并称之为‘宇宙和谐’。对我们科学家来说，能将我们的想法简明扼要地表达出来，这是非常重要的。是的，我们甚至认为这是非常美妙的！”

当我给斯特拉做这种小讲座时，我并不奢望她能听懂每个词。我很高兴她愿意倾听我讲的这些东西，也希望我说的有些内容她能够记到心里。每次我都竭尽全力使自己的表达更为直观、更加生动形象，但有时我也会发现这其实并没有想象中的那么简单。比如说，我将太阳系比作一张唱片。我觉得这个比喻就非常生动直观，但是她理解起来就很困难，因为她根本没有见过唱片，更谈不上播放唱片了。

✲

几天前，斯特拉以为，她终于找到了属于自己的星星。但这次依然是一颗行星，这次是木星。“为什么这些行星总是这么亮呢？”她抱怨道。

我能理解她失望的心情。但事情往往就是这样的：每当你觉得，你发现了一颗特别亮的星星的时候，它通常来说都是一颗行星。继太阳、月亮和金星之后，木星是天空中第四亮的星体。通过好点的双筒望远镜人们就会发现，木星不是一个点，而是一个带有条纹的球体。

木星——太阳系八大行星中从内向外的第五颗行星——是一颗真正的大行星。它的直径超过了地球直径的12倍。它的质量大约是太阳系其他七大行星质量总和的2.5倍。但和太阳系内部的其他行星——水星、金星、地球、火星——不同的是，木星没有一个坚固的表层。它像太阳一样，是一个主要由氢构成的柔软的气体星球。

与地球不同，木星有63颗卫星——其实，数量可能会更多，因为一直不断有新的木星卫星被发现。木星最大的卫星是伽倪墨得斯（木卫三），它同时也是整个行星系统中最大的卫星，它的直径长达5000千米，比水星的直径还要宽。其他三个大卫星伊奥（木卫一）、欧罗巴（木卫二）、卡里斯托（木卫四）及伽倪墨得斯都是被伽利略最先发现的。他认为木星自己就是一颗拥有自己行星的太阳。这种观点并不十分准确。但人们可以这样认为：木星系统就是一个微缩型的太阳系，就如同一个玩偶套装下的一个个玩偶，因为它们都按照同样的原理在运作：一些较小的天体围绕着一个大的天体运动。

木星上的气候非常恶劣。木星的大气层中常常会出现广泛而持久的风暴活动。这其中最出名的便是“大红斑”。三百多年前就有人发现了这一现象，并把它记录到了天文学图表中。在爆发的情况下，借助一个小型的望远镜就能够辨认出木星表面上的这种红斑。大红斑其实是太阳系中最强大、最古老的旋风暴。它的直径大到可以容纳下两颗地球，其高达每小时700千米的风速足以将地球上的飓风降级成微风。

尽管木星尺寸巨大，拥有众多的“第一”，而且有大量的卫星，但木星并不是星星。它自身并不会发光，而是反射太阳的光芒。它像是布满反光灯的体育场里的一个足球一样，一旦停电，它和它的63个卫星就会立即在人们的视线中消失。

“哦，这样啊。”斯特拉说，“那我就不要它了。我的星星应该能永远发光。即使是在黑暗当中也能发光。”

她回了她的房间，而我在花园里又逗留了一会儿。我的心中不免浮想联翩：如果宇宙中没有星星散发出的光芒，我们天文学家想要探究宇宙的奥秘该有多么困难啊。即使一颗像木星这么巨大的行星也几乎不可能被发现。几十年来，虽然我们也可以使用光之外的其他能源形式来探测宇宙，但相应的技术费用是十分高昂的。我们推动无线电、伦琴射线以及伽马射线技术在天文学中的应用。在未来的几年里，我们将可能采用非常特殊的测量仪器，从而使中微子电流和引力波的观察研究成为可能。

然而，在为宇宙绘制一张图像的时候，没有什么比光更为合适。从事光学天文学，首先我们只需要眼睛就可以了。光可以通过极其简单的方法被分散，从而应用于光学成像。通常来说，光不会损伤生物的组织——

只有在登山或在海边晒太阳的时候，我们才需要防止紫外线的伤害。

特别需要指出的是，光并不是简简单单就能创造出来的。在大约五十万年前，我们的祖先学会了如何处理火。他们很可能是从自然形成的大火中取出燃烧的树枝，再往中间添加了其他的易燃材料。这使他们在物种竞争中获得了巨大的优势。人类历史上第一次摆脱了对自然光线条件的依赖。从此，他们可以定居在安全的山洞中，他们能够随时看到想要看到的东西。

也可能正因为如此，光才在所有的神话和宗教中扮演着至关重要的角色。“复活节”这个词来源于“东方”，[①]因为太阳从东方升起。越往北的地区，人们就越重视有关光的庆祝活动和记录太阳变化的节日。对于生活在北极的人来说，在经历半年的漫长等待后，太阳在3月21日才再次从地平面上升起。在圣经的创世说中，首先创造的也是光。总有一些我们年复一年在不断重复的时刻，无论是点燃复活节的火焰还是在春天擦亮窗户，我们总是如此。显然，这其中蕴含着我们了解这个

① 德语中，复活节为Ostern，东方为Osten。

世界的愿望以及我们获得光明的渴望。

✫

复活节期间，贝丽特一家拜访了他们在南非的亲戚。在他们启程后的第二天，我就收到了贝丽特父亲的邮件：

你好，我们已经顺利抵达，一切安好。这里的气候十分宜人，现在已经有些夏末秋初的感觉。贝丽特把她的天文望远镜也带过来了。闲暇时，她便在天空中寻找星星。夜里，她可以比在家里的时候睡得晚一些。这儿的夜晚不像我们那边那么冷。昨天，她来找我，并声称她已经找到了属于自己的星星。你知道这意味着什么吗？我知道你教了斯特拉和贝丽特一些天文学知识。但你所说的，每个人都有一颗属于自己的星星，这点令我也很意外。这不可能是你说的，对吗？顺便说一下，她的星星——也就是她所找到的那颗星星——据这里的人们告诉我们说是位于“南十字座”。这颗星星十分明亮，我也明白贝丽特对它的喜爱。她说，斯特拉永远也不会找到这么漂亮的星星。我不希望她们两个因此而吵架。你有什么好主意吗？我该对她说些什么呢？

好吧，我想，那我必须得好好琢磨一下。但是要平复这场小风波应该也不是件太难的事情。于是，我回复道："你好，亲爱的朋友。我的确向孩子们说过，每个人都有一颗属于自己的星星。但这其实只是为了唤起她们对天文学兴趣的一个小计谋——必须承认，确实是个有点问题的小计谋。但我个人觉得，在这件事情上，目的比方法更为重要。正如你所见，事实上这确实有了效果。不管怎么说，很明显，从那时起，贝丽特和斯特拉之间就展开了一场小竞赛，她们在比谁能先找到自己的星星。比赛总是能唤起孩子们的好奇心。但我同意你的观点，我们最好劝说贝丽特放弃她找到的这颗星星。

"根据你所描述的情况来看，贝丽特发现的星星应该是十字架二（Acrux）[①]——我认为，这并不是一个好名字。十字架二（Acrux）是 Alpha Crucis 的简写，翻译成德语大致就是'南十字座'中最亮的星星的意

---

① 十字架二，又被称为南十字座 α 星，葡萄牙人称它为"麦哲伦星"。

思。16世纪时，欧洲的海员和世界探险家们在南半球的旅途中经常用这个星座来辨别方位。因为古巴比伦人和古希腊人无法看到南半球的全部星座，所以许多星座都是近代才被命名的，这也导致它们的名字听起来非常奇特。比如，有的星座叫作化学熔炉、摆钟或者八分仪。

“正如前面我所说的那样，中世纪的时候，人们从未见过它们。你想一想，我们是生活在一个球体上。这也就意味着我们只能看见一半的天空，我们头顶上的天空，在我们这里也就是北边的天空。天空的另一半——我们脚下的、南边的天空——只有当地球像玻璃一样的时候，我们才能从我们这里看到它。

“但因为地球不是透明的，所以我们必须像麦哲伦、亚美利哥 · 韦斯普奇[①]或者像你们一家人那样进行环绕地球的旅行，这样我们才能看到南半球的天空。贝丽特应该好好考虑一下是否真的要将这颗星星选作自己的星星，因为在我们这里完全看不到这颗星星。她永远也无

① 亚美利哥·韦斯普奇（Amerigo Vesppuci），意大利航海家。美洲是以他的名字命名的。

法向斯特拉炫耀她的星星。此外，十字架二是‘南十字座’十字架下方的那颗星。据说，十字架二是插入耶稣脚上的那根钉子。这听起来确实不太令人愉快。也许你可以跟她谈一谈，让她在我们熟悉的北方天空中找一颗自己的星星。一切顺利，致以诚挚的问候！”

✲

假期时间，泳池时间。昨天，我们带斯特拉去了一个大型的水上乐园。现如今，这种水上乐园随处可见。人们躺在棕榈树下的人工海滩上，沉醉在“我在度假”的幻想之中。斯特拉非常喜欢那里。她并不热衷游泳，而是特别喜欢在非游泳区戏水。在戏水时，她有了一个新发现，她的这个新发现使我陷入了沉思。当我们蹚过齐腰高的水域时，斯特拉断言道：“当我们想要走得特别快的时候，反而走不快了。这是为什么呢？”

当她正在探索“巴厘岛环礁湖”时，我懒洋洋地倚靠在躺椅中，开始思考起她的话来。她的论断不正是一张描述光速特性的生动图片吗？因为光速是无法被超越的。它是所有可能的速度中最快的——这对我们来说是十分难以理解的。

光——每一丝阳光，每一个反射，每一个图像——都需要一定的时间才能到达我们的眼睛。事实上，我们在日常生活中并不会注意到光的速度。它的速度是每秒钟 30 万千米。这是一个惊人的数字。如果我们打开一盏天花板上的灯，那么光线只需要百万分之一秒就能到达我们的眼睛。不过，我们可能会问自己：有没有什么东西会比光的速度更快呢？答案是：虽然不是完全无法理解，但在许多人看来却极为特殊的一条物理学定理宣布这是不可能的。任何东西——炮弹、奇思妙想出来的火箭——都不可能比光速更快。

这对我们来说是很难理解的。在日常生活中，当我们加速时，车的速度会更快，我们已经习惯了这一点。如果车速没有提高，我们不会把这归因为某条物理学禁律，而是会去考虑发动机性能的极限。原则上我们会认为，只要动力充足，任何速度都是有可能实现的。

假设在 1 到 100 的刻度表上，光速是 100。如果一辆速度为 99 的汽车现在在路上，那为什么不能把它加速到 101？但答案却非常令人意外：它达不到，不管你给它加多大的油门。迄今为止所进行的所有实验（不是用汽车，而是使用超快速基本粒子）得出的结果都是相同的：无论通过何种手段，人们都无法逾越100。是的，我们甚至无法真正达到100，总是差一点点。

为了搞清楚为什么会出现这种情况，我们可以设想一个“光速运动员”。这个人应该是一个身体各方面条件优异（首先腿要很长），可以跑得比光更快的人。我们现在让这个光速运动员开始奔跑。因为他是一名非常优秀的选手，所以他的速度很快而且毫不费力地就在1到100的刻度表上达到了99。然后，我们的光速运动员自言自语道：“我的心脏每跳动一次我就可以跑一步，现在我已经达到99级了。如果我将迈步的速度提高一倍，也就是我的心脏每跳动一次，我跑两步，那么，逻辑上，我的速度就可以达到198。我的速度就明显超过了光速。”

在赛道的边缘，有一位计时员在监测这位光速运动员打破纪录的尝试。他盯着这位赛跑运动员，用手表来测量他的速度。他发现，这位运动员每秒钟可以跑一步。这意味着，凭借着他修长的大腿，他在1到100的刻度表上达到了99。光速运动员和时间测量者，他们两个所测量的是同一个速度，按照我们正常的理解应该是这样的。

然后光速运动员开始加速。他按计划从心脏每跳动一次跑一步的速度提升到了心脏每跳动一次跑两步。他认为自己现在的速度肯定超过了光速。然后，他的目光落在了赛道边计时员的手表上。这时，他惊讶地发现，自己迈步的频率依然是一秒一步。他认为，这简直令人难以置信，因为他已经将自己迈步的速度提高了一倍。他觉得肯定是哪里出了问题。

为了确认真相，他看了看自己的手表，这上面显示的似乎是正确的：心脏每跳动一次、每跑两步，手表会往前跳动一秒。这意味着，光速运动员的手表要比测量员手中的手表走得慢。因为他每跑一步的时候，测速员手中的手表都会过去一秒。无论如何，运动员手中的手表都只有测速员手中手表速度的一半。每一次加速都会强化这种效果。每一次光速运动员增快自己速度的尝试都会使自己手中的手表比时间测量者手中的手表走得更慢。

测速员自己对光速运动员的成绩则完全无法理解。他可能也很奇怪，为什么运动员的速度没有变快，而是一如既往地保持每秒一步的速度，在 1 到 100 的刻度上也依然显示着 99。似乎有什么东西阻止了对光速的超越。很显然，通过自己步数的提高，光速运动员并没有提高自己的速度。他只是阻碍了自己的时间相对于测速员的时间的流逝。因此，他企图超越光速的这种尝试便失败了。

但是，这可能吗？因为是静止的还是移动的，比如说是在飞机上或者在地面上，时钟会走得快慢不一？或者因为时间无处不在，时间在宇宙中的每个点都是均匀分布而且是完全独立的。所以，这不完全是一个虚妄的设想？

答案是：时间并非如此。时间不是一个独立的、普遍的数值，而是相对的并且依赖于外部环境。飞机里的时间走得比地面上慢，火箭里的时间走得比飞机里慢。如果人们尝试用超过光速的巨大火箭来加速一只手表，那它反而会变得越来越慢，从而中和任何加速度。这样一来，火箭就会始终保持接近光速，但无法超越。光速不可超越的原因不在于我们还没有成功地设计出合适的驱动器。这听起来很令人难以置信，但其实真正的原因在于，时间总是会使我们的计划落空。

然而，作为乘客，我们根本无法理解火箭上的时间延缓，因为我们不是生活在全能的时间之中（这是不存在的），而是生活在火箭的时间里。只有当我们从宇宙中归来的时候，我们才能察觉到，我们的时间相对于地球上的时间走得慢了。按照旅途中的速度我们可能只衰老了几个月，而在地球上在此期间已经流逝了几年或者几十年的时间。我们将回到一个完全不同的世界。在这个世界里，我们的孩子可能比我们自己还要年老。

我对自己的这种想法感到吃惊。毋庸置疑，这从物理学角度上来说是正确的。但在我看来这完全是超现实的事情，同时也是一个噩梦。我担心自己睡着了，然后在另外一个世界里醒来。在一个充满了我无法理解的未来世界里，那时，斯特拉可能已经去世，在一个我可能还是过去时代的化石的世界里。

我迅速睁开眼睛，以免真的入睡。斯特拉结束了对“巴厘岛环礁湖”的探索，已经回来了。她向我招了招手。我深吸了一口气：她依然是我认识的那个金发小女孩。我如释重负地摆脱了所有的想法，只用了几秒钟就来到了斯特拉身边。很简单，朝着她所在的方向轻轻一跳，只要超过“水速”就可以了。

✡

有一天晚上，斯特拉问我:“爸爸，如果我找到了我的星星，我可以什么时候飞过去找它？”

“这恐怕不行哦。”我说道，“星星离我们太远了。”

“有多远呢？”

“非常非常远，一束光需要很多年才能到达一颗星星。”

“一束光能跑多快呢？”

“非常快。如果人们可以骑在一束光上面，那么只需要一秒钟就能到达月球。”

“但是已经有人到过月球上了！”

“你说得没错。”我回应道，“但却不是在一秒钟内就到达的。他们花费了四天的时间才到达月球，大约是35万秒。离我们最近的星星是距离地球四光年的南门二星[①]。我们需要一百多万年才能到达南门二星。我们人类可

---

① 南门二，又称半人马座α星，位于天空南方的半人马座，是一颗三合星系统，是距离太阳最近的恒星系统。

活不了那么久。谢天谢地！如果需要在宇宙飞船里待一百万年的话，我觉得那一定非常无聊。”

直观生动地展示宇宙中的距离是一项艰巨的任务。如果地球和月球是弹珠游戏中的弹珠的话，那么光年大约是 150 千米左右。如果我们的地球和月球这两颗弹珠在柏林的亚历山大广场上，那么南门二星则会位于科隆的某处——这对宇宙飞船来说确实是很长一段距离。它需要几天才能穿越我们的弹珠游戏。

银河——一个超过一千亿颗恒星的大集合，在非常晴朗的夜晚，我们可以在天空中看到这条雾状的丝带——直径大约是十万光年。如果我们把银河缩小到德国领土的大小尺寸，那么我们就无法用肉眼识别地球和月球这两颗弹珠了。我们需要非常高级的显微镜才能看清它们，因为它们的直径不到千分之一毫米。

但银河也只是可见宇宙的一小部分。它是一个星系，除它之外还有大约十亿个与它规模相当的星系。如果我们把一切都缩小，将整个宇宙缩小成地球大小，那么我们的银河系就只有一个足球场那么大。球的大小大致相当于那些我们用肉眼就能辨认出的星星的大小。我们的地球和月球这两颗弹珠就相当于原子的大小。

“你知道吗？”我对斯特拉说，“一位很著名的天文学家曾经说过，星星就像打烊了的蛋糕房里的奶油小蛋糕一样。我们人类站在橱窗外，将脸贴到橱窗上，鼻子都压歪了但还是得不到它们。”

斯特拉钻进了被子里，然后对我说：“哎呀，你知道吗，如果我们得不到奶油小蛋糕的话，就干脆在超市里买一包巧克力饼干。反正，我也很喜欢巧克力饼干。”

✲

昨天，我又收到了一封贝丽特的父亲从南非寄过来的邮件。“你一定要赶紧帮帮我！”他写道，“贝丽特又在天上发现了个模糊的斑点，就像两个指纹一样。她现在想让我告诉她，这两个东西是什么。当地人告诉我说是云彩，但我觉得不可能。不是吗？云是会运动的呀，但这两个东西一直停留在同一个位置。贝丽特正考虑是否要找一朵云彩来代替星星。她认为云彩摸起来肯定很舒服。我该跟她说些什么呢？”

我回复道：“你们在那里看到的是麦哲伦星云。就这点而言，当地人并没有说错。但它们不是普通的云。它们是两个云雾状天体，像南十字星一样，也是被麦哲伦最先发现的。它们其实是两个小型的星系，也就是说它们是由许多的星星汇聚而成。它们之所以看起来像是云，是因为它们离我们太远了。其实，在这一点上，它们和我们地球上的云彩很相像，只不过我们地球的云彩是由小水滴构成的。麦哲伦星云里的星星距离我们太遥远了，所以它们集聚在一起看上去就像是云雾状的斑点。

“此外，在晴朗的夜晚，人们所看到的银河，就是一条浅色的带子，其实就是一个漩涡星系。也就是我们所处的星系。银河系是由几十亿颗星星组成的，看起来就像个奇怪的飞镖盘，而我们就处于它的边缘。在银河系的中央有一个巨大的高密度物体。我们天文学家认为，那应该就是所谓的黑洞。如果人们从上方观察银河系的话，它看起来就像一个大浴缸的出水口，星星、灰尘和气体则组成了漩涡。不久前，人类发现，在黑洞的中央有一道光束，它看起来就像一个大转轮的横梁。我们天文学家称之为棒旋星系。不同的星系会有不同的外观，这一点从它们的名称上就能看出来，比如，草帽星系、车轮星系、老鼠星系、天线星系。作为银河外星系，麦哲伦星云是相当小的，并且没有固定形状。它们被称为不规则的矮星系。但是，这种所谓的小又是相对的——毕竟，在较大的麦哲伦星云中也有大约上百亿颗星星。它们距离我们15万到20万光年。从宇宙学角度来看，这不是特别远，但其实已经很遥远了。当我们人类仍然生活在洞穴里、还在追捕猛犸象的时候，我们现在所看到的它发出的光线就已经在路上了。话说，在1987年，大麦哲伦星云中出现了一颗超新星。这个消息令我们天文学家们十分振奋！超新星是一颗星星的大爆炸现象。在这个过程中，爆炸产生的光芒会在短时间内像整个星系一样明亮。你可以直接劝说贝丽特放弃这朵云彩。她最好选择一颗星星而不是整个星系。真正属于她的那颗星星会长时间静静地在那里闪耀，而不会在宇宙的轰鸣声中突然消失。祝你们一切都好！”

事情的经过肯定是这样的：5月初的时候，火星在夜空中散发出温和的淡红色光芒。斯特拉当即决定要

把火星选作自己的星星。但是火星就像之前的金星和木星一样，不是恒星（star）而是一颗行星（planet）。这使斯特拉感到很沮丧：“每次我觉得很漂亮的星星都是行星！”

我摸了摸她的头安慰她。但是对于火星我实在无法破例。因为在太阳系所有临近的行星之中，火星与地球最为相似，最为罕见。与金星不同，虽然火星远小于地球，虽然火星上的自然条件还远远无法比拟地球上的宜居条件，但是火星的环境条件是太阳系的星球中与地球最为接近的。

毕竟，火星赤道的气温在白天可以达到令人舒适的二十度，而且还有类似于地球的季节之分。然而，在夜晚和极地地区却是极度寒冷的，大气稀薄并且缺氧，所以人们在那里无法正常呼吸。火星上的水是以冰冻的形式存在的，但明显并不是一直如此。根据以往的研究，目前我们可以得知，火星在太阳系的早期就像地球的兄弟一样：大气层更为稠密，温度也更高，表面被河流湖泊覆盖。

从过去到现在，火星大气中 95% 的成分自始至终都是二氧化碳。这种气体有一个特性，而它的这种特性现在让地球上的我们十分头疼。这个特性就是：它是温室效应的诱因。我们可以通过汽车玻璃的作用来想象一下二氧化碳的影响：太阳的热量进入车内，但却无法出去。我们都知道一辆汽车的内部温度在夏季会有多高，这使人感觉非常不舒适。尤其是太阳的热浪是无处不在的。与汽车不同的是，我们不能把地球停放到阴凉处。

相反，温室效应在火星上却是非常有用的。只要大气密度足够，它便能够提供与原始地球相当的温度。因此，许多研究人员想知道火星上是否也可能开始生命的起源。几年前，在一些来自火星的陨石中，有人发现了某些化学物质的痕迹。一些研究者认为，这些痕迹是火星细菌化石的残留物。然而，直至今日这个说法仍然是值得商榷的。

为什么火星上的海洋最终消失了？当时有多少水？当时的温度有多高？它们是如何进行生物演化的？这些我们都不知道。可以肯定的是：在某个时刻，平均气温降到了冰点以下，所有开放的水域全都结成了冰，最后被埋藏在厚厚的灰尘和岩石之下。

火星上是否曾经存在人类（或者可能有微生物存在）？这最终也许只有等到哪一天载人飞船登上火星之后才能找到答案。但这样的探索任务需要高昂的费用。是否登陆火星以及以什么样的规模登陆火星，这些问题还只是停留在思考规划阶段。

另外一个问题与生活息息相关，同时也常常被人同火星的探索工作联系到一起：人类是否能够开发火星，并在上面长期居住。针对这个问题也有许多规划。例如设想通过提高二氧化碳的排放量来使火星的气候变暖（比如，通过融化火星两极冰冻的二氧化碳），从而使火星可以适宜人类居住。这些大胆的设想甚至有一个名字：它在相关的网络论坛中被称作“地球化”[①]，意思是使火星地球化或与地球相似化。总体而言，人们可以认为它们是科幻想象和美好愿望的结合物。但他们的科学和技术基础并不完全是凭空想象的。

为了给斯特拉打打气，我在晚饭时对她说：“现在

---

① 德语与英语名称均为Terraforming，设想人为改变天体表面环境，使其气候、温度、生态类似地球环境的行星工程。创造这个词的可能是杰克·威廉森（Jack Williamson），他在1942年发表在*Astounding Science Fiction*杂志上的一篇小说中提出。

还有两颗可能会被你误认为星星的行星——水星和土星。夏天的时候可以看到土星。土星非常明亮，你肯定会喜欢它的。土星有一个星环，看起来像陀螺一样。水星很小而且运动得很快。它太小了，以至于很难辨别。在古希腊和古罗马神话中，它作为众神信息的传递者，在天空中不知疲倦地绕来绕去。我们可以试着找找它。但是今天它已经落下去了。可以说，它是最早回家睡觉的行星。”

其实我觉得斯特拉和水星有很多共同之处：所有的星星中水星是最小的，但它整天以极快的速度在不停飞驰。只是早早上床睡觉这个现象在斯特拉身上并没有很好地体现出来。

观察水星是非常困难的。作为太阳系最里面的行星，它总是距离太阳非常近。我们只能在清晨或者黄昏看到它，而且时间很短，因为它移动的速度很快。它像体育场内线上的短跑运动员一样，总是在很短的时间内就会超过处在外线的地球。它最多只有两三周的时间会出现在清晨与傍晚的天空上。随后，它便消失在了太阳的眩光中。这有点像我们观察一只围绕着路灯高速飞行的蚊子。它的飞行速度对于我们的反应能力来说实在太快了。此外，我们还会被路灯的光线照得眼花缭乱，无法看清。

在古罗马人眼中，水星是信使[1]，它穿着带有翅膀的鞋子在天空中疾驰，向生活在那里的众神传达信息。它一直都在路上，从不休息。它不知疲倦地飞来飞去，似乎是在向人们示威道："来抓我啊！"它的这种特点让许多天文学家感到绝望。早在四百多年前，哥白尼就曾经抱怨过，这颗行星太神秘了，研究它实在是件令人头疼的工作。

因此，开普勒有了一个大胆的想法：不在晚上观察水星，而是在白天时观察它。尽管有人认为，这是不可能的，但是因为水星比地球距离太阳更近，所以这颗小行星出现在太阳和地球之间的情况是可能出现的。这时候，它就像一个日轮前的小黑点一样，通过用黑色烟灰涂黑的玻璃就可以观察到它。

开普勒计算出，水星在1631年11月7日会出现在

---

① 水星（Mercury），在罗马神话中代表墨丘利，他担任诸神的使者和传译，又是司畜牧、商业、交通旅游和体育运动的神。

太阳前面，但他并没有来得及检验自己的猜想，因为在之前一年，他便已经去世了。但是，法国天文学家皮埃尔·伽桑狄利用这些数据进行了观测，正如开普勒计算的那样，水星准时出现了。接下来的观察却让他感到很震惊，眼前的水星居然如此之小。人们总是把这位忙碌的众神信使看作一个长腿巨人。但现在却发现，它是一个甚至没有达到五千米直径的行星小矮人——只不过是巨大日轮前的一个黑色针头。

周末的时候，斯特拉拿着她的双筒望远镜来找我。我本想让她看看水星。但她却有别的打算。她在望远镜的皮套里发现了一张神秘的字条。她一边让我看那张字条，一边对我说："爸爸，这张字条可能是从水星来的。你不是说过，它是信使嘛。"

她把字条递到了我手中。这张明信片大小的字条从中间折叠了一下，上边用有些孩子气的印刷体写着一句话："你的星星。清晨，它会升起。"

我疑惑地问道："这是你写的吗？"

她摇了摇头说："不是，真的不是。我不知道这是谁写的。"

“但它是在你的望远镜皮套里吧？”

“对呀，”她说道，“上边写的这句话是什么意思？”

“这个嘛……”我又读了一遍那行奇怪的文字。那些字母看起来确实有些孩子气，但也有可能是故意写成这样。我遇到难题了。

斯特拉说：“但是早晨不会有星星的呀，这句话很奇怪啊！”

“不是这样的，”我说道，“早晨也会有星星升起的。当我们看到一个天体升起或是降落的时候，其实我们看到的是我们自己的运动，地球在转动。因为地球在自转，所以我们才会看到天体从东方的地平线上升起，然后又从西方落下。这就有点像我们在一个山丘里骑自行车：在我们的视野里，河谷会慢慢从山后的地平线上‘升起’。”

因为地球在不停地自转，所以星星也会不断地升起：在晚上、在深夜、在早晨，当然还有在中午的时候。白天的时候并不是没有星星，只是我们看不见它们。它们的光芒太过微弱，与太阳明亮的光线相比完全是相形见绌。当我们在万里无云的蓝天下享受日光浴时，其实我们也是躺在星光闪耀的巨大天幕之下。

当太阳“升起”时，它的万丈光芒慢慢驱散了繁星的光辉。水星是早上可以看到其升起、晚上可以看到其降落的少数天体之一。它非常贴近太阳，就像鞍紧密连接着旋转木马一样。当我们从外面观察它的飞行轨迹时，我们总是会看到它沐浴在旋转木马闪烁的灯光之中。

来到花园后，我们发现：在西方的天空，太阳刚刚落山的地方，云层已经升起来了。我们的水星观察因此将会一无所获。

“它给我塞了这样一张字条，”斯特拉说，“然后它就赶紧溜走了。”

“是的，它就是这个样子。”我说道。我想到了哥白尼，他也曾深深地抱怨过这个小行星羞涩的举止。

斯特拉上床睡觉了。这时，我开始思考起她发现的那张字条：“你的星星。清晨，它会升起。”——这字里行间都透露着一层神秘。总是会在早晨升起的，唯一一颗真正的星星就只有太阳了。但是这个答案在我看来似乎太过简单了。要么是写这个字条的人有着非常精准的天文学知识，要么就是这整件事情只是一个玩笑，其目的仅仅是试图干扰斯特拉去寻找她的星星。我基本上是这样认为的。应该是贝丽特偷偷把这张字条藏到了望远镜的皮套里。这可能是她从她的儿童读物里抄下来的桥段。或者是她的哥哥斯文想要开个玩笑，于是说服她把字条藏在了斯特拉的房间里。斯特拉和贝丽特都在寻找自己的星星，可以说她们是竞争者。如果斯特拉偏离到错误的寻找轨道上，贝丽特就有获胜的希望。无论如何，我必须不露痕迹地告诉斯特拉，这张字条很可能并不是神明传递的信息，而只是为了让她分心的小把戏。

✡

几天前，斯特拉来找我。她对我说："贝丽特说她昨天看到一颗流星，所以她可以许愿。这不公平，我还没看到过流星呢。而且你说过的，星星是不会从天上掉下来的。"

"星星的确不会从天上掉下来。"我说道，"流星和星星其实毫无关系。所以天文学家从来不说流星，而称它们为陨石。这些是在太空中飞翔的岩石，它们大多数都非常小，像坚果一样，甚至更小。它们并没有落到地面上。幸亏如此。你想想，如果不停有坚果落到你的头上，那会怎么样。地球上有大气层，石头的速度在大气层中被减慢了。它们变得很热，然后开始发光，这就是我们所看到的流星。它们在夜空中快速划出一束光线，然后就烧毁了。人们只有在合适的时间、合适的地点恰好抬头看向天空的时候，才有可能偶然看到流星。当然了，这并不常见，想要看到流星确实是需要运气的。许多人认为，流星会带来好运，所以人们可以许愿。”

“所以这根本不是真的？”

“人们随时都可以许愿，”我回应道，“为什么不呢？拥有愿望甚至是很重要的事情。”

但是我的安慰并没有起到太大作用。她担心自己没那么幸运能看到流星。所以我打开了带有陨石日历的互联网站。陨石并不完全是毫无章法地在宇宙中飞来飞去。大多数陨石来自同地球轨道交汇的陨石流。因此在一年的某些时间里，陨石的密度会大量增加。当大规模的陨石流出现的时候，例如，十一月的狮子座流星雨或十二月的双子座流星雨，每分钟会不止一次出现流星。

然而令人遗憾的是，现在是六月份，天空中没有太多的陨石现象。我在日历中发现在六月下旬只有蛇夫座和天蝎座流星雨，而且规模都不大。尽管如此，我还是对斯特拉说："如果你愿意的话，周末我们可以在花园里放两把躺椅。晚上，我们可以观察一下看看。幸运的话，我们就会看到流星雨。但是如果没有看到，你也不要太失望。"

"我肯定不会的。"她向我承诺道。她的眼睛像流星一样闪烁着光芒。

斯特拉习惯把她想看的 DVD 放进碟机里，然后在电视上播放。要想看到蛇夫座和天蝎座流星雨却没有这么简单，但也许这也是一件好事。我不想给她造成夜空是她按个按钮就会运作的印象。一位著名的天文学家曾经说过，我们的工作，其实就是在大型望远镜的监视器前枯坐几个小时，就为了观察那些小光点。曾经有人说过：准确地说，夜空是世界上最无聊的电视节目。

周末，我们按照事先商定的那样，把沙滩椅放到了花园里。摆放的时候，我尽可能地让我们可以看到东南方向的天空。蛇夫座位于射手座和天蝎座附近，是一个星域宽广、但并不是非常显眼的星座。流星雨应该在那里出现。我已经研究过了，在理想情况下，我们应该每十五分钟可以看到一颗流星。这不算太多。但我没有把握，能否让斯特拉把注意力集中到平静的星空上超过十五分钟。

为了打发时间，我向她讲解了那些出现在我们视野中的星星。最明亮的是位于东方的蓝色天琴座 α 星。这颗星星在未来几周里将会升得越来越高，在盛夏的夜晚几乎会达到天顶附近。天琴座 α 星是第一颗被拍摄下照片的恒星——1850 年的一张银版摄影[①]照片。她的左边是天津四，天鹅座的第一亮星，这颗星星的温度很高，其实际亮度是太阳的 20 万倍。如果天津四是我们太阳系的中心的话，那么它就会延伸到地球轨道的上方，并且在很久以前就已经将地球吞噬。

“那边的天空上有一片很奇怪的雾，”斯特拉说，

① 银版摄影法是利用水银蒸汽对曝光的银盐涂面进行显影的方法。用这种方法拍摄出来的照片具有影纹细腻、色调均匀、不易褪色、不能复制、影像左右相反等特点。这种摄影方法是法国布景画家达盖尔于 1839 年发明的，所以又称作达盖尔银版法。

“我觉得那是一块云彩。”

“那是银河。”我回应道。

“一条由牛奶组成的大街？”[1]

“这是古希腊人给这片像雾一样的光所起的名字。他们不知道银河其实是由许多星星组成的，它们聚集在一起看起来就像一朵云。”

“那我们是怎么知道这些的呢？”

“这可以通过望远镜看出来。银河系是一个由许多星星组成的巨大而又平展的圆盘，太阳就是其中的一颗。这就意味着我们无法从上方或下方看到这个圆盘，而只能从侧面。这就是为什么银河像一条狭窄的雾带一样围绕着我们。这就像学校里大课间休息的时候一样。当你转身时，你会看到到处都是你的同学，他们就像一条狭长的带子一样围绕着你——你的上面和下面是没有人的。如果你仔细观察，你甚至可以确定，你是站在校园的中间还是站在靠边的位置。你只需要数一下，你在一个方向能看到多少学生，在另外一个方向又能看

① 银河（the Milky Way）由牛奶 milk 和街道 way 构成，希腊神话中银河是由赫拉的乳汁喷出而成的。

到多少学生。如果你在所有的方向都看到同样多的学生，那么你就是站在校园的中间。如果一面的人数明显少于另一面，那么你就是站在靠边的某个地方。我们天文学家也是用类似的方法来看待星星，从而断定太阳不是在银河系的中心。可以说，银河系就是一个巨型的摩天轮，而我们不过是外围的一个小小的缆车座舱。但这个‘摩天轮’每次转动需要相当长的时间，也就是 2.3 亿年。2.3 亿年前，第一批恐龙开始在地球上四处活动。从那时到现在，我们只完成了一圈。但在宇宙中，这样的时间跨度其实并不算十分特别。”

“爸爸，那儿有一个！”斯特拉突然在我耳边大喊道。她非常兴奋：“你看见了吗？它非常非常亮！它肯定比贝丽特看到的更亮！”

但是我错过了这次重大的流星事件。因为我正在思考银河系的问题和宇宙的沧桑变幻，所以并没有注意到。作为一个天文学家，人们已经习惯了这种小失败，因为这就是天空：一些事情的发生只需要几分之一秒，而有些事情的发生则需要 2.3 亿年。

✲

斯特拉的寻找星星之旅现在陷入了困境。白天变得越来越长了。每天晚上，当斯特拉上床睡觉时，外面的天色还很明亮。最晚八点钟，我们就会放下她房间里的百叶窗。也有例外的情况，比如说观察蛇夫座，我们就只能在周末进行。因为睡得太晚了，她就会在白天补瞌睡。我从老师那里得知，她在第一堂课中睡着了。

“如果夜晚越来越短的话，那么不就会哪一天彻底没有夜晚了？”几天前，她很有逻辑地推断道。

“但是从今天开始，夜晚就会越来越长了，”我说，“今天中午，太阳到达了它一年中的最高点。今天被称作夏至。夏至是一年中白天最长的一天，相应地它的夜晚也是最短的。这一天几乎没有真正意义上的黑夜，因此这天夜晚被称作夏至夜。以前，人们一直认为，精灵和妖怪都会在夏至夜出没。当然，这只是我们的想象而已。”

“但是白天怎么会变得越来越长，晚上越来越短呢？这我不太明白。”

“这是太阳的原因，”我回答道，“因为太阳在夏天会比在冬天的时候升得更高一些，它需要更多的时间来完成一天的旅程，所以夏天的白天才会这么长。相反，在冬天，太阳升得就没有那么高，所以白天见到它的时间就会短一些。”

“那为什么会这样呢？”

“你知道的呀，地球是一个会自己转动的球。”我继续说，“但是，它的旋转轴线就像一个摇晃的陀螺一样是有点倾斜的。地轴在夏天的时候总是指向太阳，在冬天的时候则远离太阳。这就有点像我们坐在跷跷板上一样。当我们在上面的时候，太阳就会离跷跷板的另外一边很远。我们就进入了夏季。当我们在下面的时候，太阳离另一边就不会太远。事实上，太阳并没有改变它的位置，而只是我们处在移动的地球跷跷板上。有时会贴近太阳，有时又会远离它。今天我们升到了跷跷板的最高处。所以今天的白天最长，夜晚最短。”

“但是，爸爸。”斯特拉说道，她的语气听起来像是有所请求，而且这个请求对她来说很重要，“我还是想待到黑夜。因为贝丽特也和我说过今晚会有妖怪和精灵。”

“你的意思是，你想要精灵帮你找到你的星星吗？”

“不是这样的，爸爸！我知道，他们不可能帮我做这件事。我已经不是个小孩子了。但是你知道吗？”她突然说道，“贝丽特也收到了一张字条。”

“一张什么样的字条啊？”

“哎呀，就是一张纸上写了一行字。”

“是吗？”

“对啊，上边写着：南方不必寻。”

“是吗？这确实很特别……”

“对呀，你知道的，”她继续激动地说道，“这太奇怪了，我们两个人都收到了这样的神秘字条。这到底是为什么呢？我们觉得这可能是妖怪做的。妖怪才会做这种事。妖怪、精灵、地精或者别的什么东西。我们如果今天待到夜里的话，也许可以找出是谁写的字条。求你了，求你了。今天是周末嘛。”

“我和你妈妈商量一下。”

整个下午我一直都在想字条的事情。现在，贝丽特也收到了一张字条。这些奇怪的信息背后到底隐藏着什么秘密呢？在这时候，我就会很羡慕斯特拉。能相信是妖怪、精灵或者是地精做的，这是多么幸福的事情啊。相信幸运星和魔幻的夏至夜世界，而不总是寻根究底、追求合乎逻辑的解释，这是多么幸福的事情啊。但是没有人能够让经验的车轮倒转：是一个有血有肉的生物写了这张字条，而且可能是我认识的某个人。但是谁呢?尽管我已经绞尽脑汁思索了很久，但还是没有找到谜题的答案。

傍晚时分，我来到了和风习习的屋外。我们的房子前面是一条种有菩提树和刺槐树的林荫大道。远处西北方向的太阳将余晖播洒在了树丛间。走在这条林荫路上就像是在金色的木梳间穿行。我心里想，这确实不是一个应该早早上床睡觉的夜晚。有什么会比这缓缓垂下的柔和夜幕更为神秘、更为美妙呢?

我绕过房子走到了小花园里，端着一杯酒，坐到了妻子的旁边。她正在读一本书。这时候，我看见了斯特拉。她正在花园里藏小字条。她想要通过她那妩媚的护咒体向妖怪、精灵、地精传递一些信息。这些信息在孩子看来是十分重要的。也许就像："亲爱的小精灵们，请告诉我我的星星在哪儿。"

夏

你知道，在蔚蓝的苍穹中镶嵌着

多少颗星辰吗?

你知道，在宽广的世界上飘荡着

多少朵云彩吗?

上帝，把它们数了数，

即使是万能的主，

也无法全部目睹。

学校开始放假了。假期第一周的月亮就十分善解人意，在周三的晚上就已经变暗了。这样正好，因为假期里斯特拉可以睡得晚一些，而不必担心第二天的起床问题。我满怀喜悦地开始寻找一个合适的观察地点，但这不是那么容易的事情。

其中的原因之前也已经提过。因为夏天正午的太阳在天空中升得很高，所以，在这几个月里，夜晚的满月只是稍稍越过地平线。可以这么说，由于地轴的倾斜，太阳和满月就像是面对面坐在天空跷跷板的两端。如果一端在上方，另一端就位于下方，反之亦然。

因此，人们需要一个很高的位置或者视野开阔的区域，才能很好地观察到月食。经过一番思考我得出了结论，我们家涂过沥青的平屋顶就是一个理想的观测地点。我把两把椅子放到了烟囱旁边，并再三告诫斯特拉不要离开椅子。和我想象的一样，对于能爬到上面去，斯特拉感到非常兴奋。她坐下来，满怀期待地睁大眼睛看着美丽的蓝色黄昏。一轮蜂蜜黄色的圆月正从桦树和槭树的树冠上方冉冉升起。

尽管有如此壮观的景象，但我还是无奈地发现，宇宙中的这种速度并不适合孩子们。我们在椅子上安静地坐着观察月亮，十五分钟之后，斯特拉就坐不住了。月亮虽然在按时变暗，但实际上还相当明亮。

“月亮究竟为什么会变暗？”斯特拉边问边眯起了眼睛，就好像是要尽一己之力来帮助月亮变暗。

“因为它要飞过地球的影子。”

“但为什么会这样呢？影子总是在地面上啊。可月亮是在地球的上面啊。”

“地球把一片影子投向了太空。”我解释道。

“这可真奇怪。太空是漆黑一片的啊。”她边说边打着哈欠爬到了我怀里。

当她依偎在我怀里的时候，我向她解释道：阳光下，地球的影子通常来说会静静消失在宇宙的黑暗中。只有当阴影投射到某个平面上时，我们才可以看到它。而地球附近唯一一个偶尔能让地球的阴影落下的地方，就只有月球。这时候我们会看到地球的影子，这就如同我们背朝着太阳看到墙壁上我们自己的影子一样。

在围绕着地球运动的时候，月亮并不是每次都会通过地球的阴影区域。可以说，它并不是每次都能恰好处于天空跷跷板的合适高度上。有时，它会在地球的影子中。有时，它的轨道又太高了。只有当它的高度合适的时候，它才会变暗。平均每年大约只会出现两次这种情况。

月亮需要至少两个小时，才能穿越地球的影子。这个过程中，月亮会变成红棕色。因为空气会围绕着地球形成一种光环，光可以通过这个光环散播到阴影上。一次完整的月食会持续长达一个半小时。然后，月亮就会慢慢从地球的阴影中脱离出来。大约六个小时后，它就会重新恢复到原本的明亮状态。

在月全食出现之前，斯特拉就已经在我的怀里睡着了，她睡得又香又甜。这个时候，我已经完全无心去考虑月食。我一直在想的是，该如何把她从房顶带下去。之前，我完全没有料到，她会在看月食的时候睡着。因为找不到一个合适的解决方法，所以我就干脆坐在屋顶上，惬意地享受着白天里太阳留下的余温。这期间，我看着月亮逐渐从蜂蜜黄变换为橘色。

当我在斯特拉这个年纪的时候，人类的登月之旅刚刚启程。1969 年 7 月 16 日，土星 5 号火箭将阿波罗 11 号送入了围绕地球运行的轨道，三名宇航员飞往月球。阿姆斯特朗和奥尔德林驾驶着分离出来的登月舱开始往月球表面下降，并于欧洲时间 1969 年 7 月 20 日下午 3

点 56 分成功在月球表面上着陆，他们着陆的区域叫作“静海”。

自此之后，围绕着登月之行是否具有科学价值这个问题展开了一系列的讨论和争辩，事后证明这种巨大的花费是值得的。美国政府为此投入这么多的经费，其实并不是为了科研目的，而是出于政治考量。20 世纪 60 年代的时候，美国和苏联展开了激烈的登月竞争。但对于我们人类而言，月球就是一个毫无吸引力的岩石球，它上面并没有水和可供呼吸的空气。一些人便开始问，我们真的应该到那上面去吗？

尽管月球如此不适宜人类居住，但是没有月球的话，我们很可能会不复存在了。从物理学角度来说，地球其实就像是一个陀螺。当人们触碰陀螺的时候，它会摇摆不定。相反，旋转着的圆盘却可以稳定地在空间中穿行。玩杂耍的人可以让盘子在棍棒上飞舞。我们在骑车的时候不会倒下，是因为车轮在稳定地转动。铁饼或飞盘也可以在空中优雅平静地飞翔。

正因为如此，月亮才这样重要。没有它的话，地球就只会绕着自己的轴旋转。另一方面，地球与月球一起形成了一个像圆盘一样的整体系统——不是物质性的，而是物理力量的圆盘。几十亿年来，地球和月球一起围绕着太阳飞行，就如同一个完美抛出的飞盘一样，平稳而又顺畅。

这种稳定对于生命的起源而言是非常重要的，因为它保证了地球上的气候条件可以长期不变。如果地轴交错的话，许多区域将会出现极寒、高温和干旱等众多极端天气变化。这种变化可能会超出生物体的适应性。

月球的起源也是一个巨大的谜团。太阳系有很多的“月球”，或者更精确地说是围绕着其他行星转动的卫星。木星和土星也有自己的“月球”。天王星和海王星，甚至比地球还小的火星也有两个卫星：福波斯[①]和得摩斯[②]，它们看起来更像是两颗在宇宙中飞来飞去的土豆。

这样看起来，月球这样的卫星在太阳系中是很常见

---

① 火卫一（Phobos），源自希腊语，字面意思为“惊恐”。福波斯是古希腊神话中象征战争带来的恐惧的拟人化神，是战神阿瑞斯和阿佛洛狄忒之子。

② 火卫二（Daimos），源自希腊语，字面意思为“恐惧”。得摩斯是古希腊神话中象征战争带来的恐惧的拟人化神。与福波斯同为战神阿瑞斯和阿佛洛狄忒之子。

的。但是这些卫星同它们围绕的中央天体之比，没有一个像我们的月球这么大，月球至少有地球直径的四分之一以上。此外，根据测量的数据来看，地球和月球的岩石同源——如果没有阿波罗 11 号的宇航员和之后的登月人员把他们在月球之旅中收集的岩石样品带回到地球，那么我们就不会知道这件事情，至少不会这么确切。

月球和地球是由相同的物质构成的。因此，一些行星研究人员猜测月球原本就是地球的一部分。很显然，在大约四十亿年前，地球与另外一个天体，一颗小行星，发生了强烈的碰撞。这次碰撞把月球从地幔中拽了出来，然后抛进了太空。

在太阳系的早期，这种剧烈的碰撞并不罕见。虽然今天的行星是在一个没有出入口的八车道环形交通体系中井然有序地围绕着太阳运动，但行星系统起源时的情况则更类似于驾驶碰碰车时的状况。

我们的月亮可能是一场巨大的宇宙交通事故造成的结果。值得庆幸的是，地球最终幸免于难。然而，那个与地球相撞的天体却没有逃脱劫难：在碰撞之后，它就不复存在了。我们确实应该感谢这颗消失了的小行星(甚至可能是因为它才造就了地球上的我们)，因此有人赋予了它一个希腊神话中的名字：提亚，月亮之神塞勒涅的母亲。

这时候，妻子的头从天窗那里露了出来，她问我们还想在屋顶上待多久。“斯特拉睡着了，”我说道，“我们现在怎么把她放到床上？”

经过一番辗转腾挪之后，我终于走过了折叠楼梯最曲折的一部分。在没有弄醒她的情况下，我们成功把她抱回了屋子。夏季月食下一次出现的时候，她就是个十几岁的亭亭玉立的少女了。那时的她应该不会再对幸运星和月食抱有兴趣了。想到这一点，我不免有些感伤。

这会儿，我没有睡觉的心情。于是，我穿上了一件毛衣，又坐回到了屋顶上。月亮现在已经位于地球阴影的中央了。当人们还不知道太阳系的结构时，有人可能会认为，月食是月亮女神（月亮在大多数文化中都是女性）想要通过容貌的改变来告诉他们一些秘密。也有人可能会猜想，她是出于某种原因而生气了。

但是在大约三千五百年前的时候，有人提出这样一个想法：不可能存在许多的神，但应该只存在一个唯一的神。一些人认为古波斯人查拉图斯特拉[①]是第一个一神教的创始人，还有人认为是古埃及法老阿蒙霍特普四世。后者将太阳神阿吞侍奉为独一无二的神，并将阿肯那吞这个名字赋予自己。这个名字的意思是：阿吞喜欢的人。

阿肯那吞去世一个半世纪之后，摩西带领被奴役的希伯来人脱离了古埃及人的奴役，并从那里带走了一神论思想。今天，犹太教、伊斯兰教和基督教是地球上较大的一神论宗教。

一神论对科学，特别是对天文学发展而言是一个巨大的进步，因为它让精神世界步入了高度秩序化的阶段。每件事都要寻找一个合适的神明来负责，这样必然导致众神的出现，事件的原因也必然会纷繁复杂、众说

---

① 琐罗亚斯德教的创始人。琐罗亚斯德教在汉语中又称拜火教或祆教。

纷纭。一神论让人们为纷杂的现象只寻求一个唯一的原因，这样更为理智，也更有针对性。

时至今日，在物理学领域，我们追求的是一个统一的理论，一个基本的数理关联。借此人们能够解释大千世界的各种纷乱的现象。如果科学家是有宗教信仰的（而且很多人都是绝对的宗教信仰者），那么他们谈论的总是唯一的神明——上帝，而不是众神。

爱因斯坦曾经说过："上帝是不可捉摸的，但并无恶意。"像查拉图斯特拉、阿肯那吞或摩西一样，在爱因斯坦的眼里也并不存在众多真理的搏斗，而只是一个唯一的巨大谜团，谜底依然未知。

我在屋顶上一直待到东方的天空开始泛红。

斯特拉最近喜欢上了一首叫作《摇滚德库拉[1]》的歌曲，里面有一段歌词是："牙齿响咔咔，德库拉先生跳摇滚，哦，午夜，午夜。沙啦啦，在月光之中。"众所周知，吸血鬼无法承受阳光，所以夜晚才是他们的活

① 德库拉是传说中的吸血鬼起源之一，出现在中世纪的欧洲。

动时间。这让人把他们与我们天文学家以一种令人毛骨悚然的方式联系到了一起。我们在夜晚工作，当天空开始变红时，我们也该收工了。

但是为什么天空会变成红色呢？我们可以把阳光看作一条由彩色小光珠组成的河流：红色的很小，绿色的大一些，蓝紫色的最大。这就是原因所在。因为空气对小光珠而言就如同一道网格，光珠体积越大，它们就越有可能被网住或者分散。

清晨，随着太阳升起，光线在大气中飞越了一条非常宽阔的水平路径，大部分蓝色的光球被空气网格捕捉并向侧面移动。只有红色不受阻碍地进入了我们的视野，所以早晨和傍晚的天空都呈粉红色。

但是随着太阳逐渐升高，光线在大气中穿行的路径就会越短，网格效果也就随之消失。天亮了，星星退去了。我们天文学家也该上床睡觉了。当第一缕阳光出现在地平线上时，我们就像德库拉伯爵一样开始撤退。我们避开白天，等待下一个夜晚。顺便说一句，这并不是什么特别吸引人的工作，因为大型观测台的卧室通常都很简陋。但确实比棺材大那么一点点。

✲

有时，在斯特拉入睡前，我会给她读《一千零一夜》里的故事。像所有的传说和故事一样，这其中的大部分也都是些非常残酷而且不适合青少年的故事。仅从故事的情节框架来看，对温柔善良的人们而言，它可以说是一无是处：国王山鲁亚尔因王后对其不忠而做出了一个疯狂的决定——他每天娶一个少女，第二天天亮时就处死她。为了拯救自己的性命，少女山鲁佐德会每晚向国王讲述一个动人故事。

幸运的是，山鲁佐德的听众、山鲁亚尔国王是一个头脑简单、不善思考的人。但斯特拉却是一个思维敏捷的评论家。《阿拉丁与神灯》的故事我刚开了头，她便问我："为什么山鲁佐德总是在晚上给山鲁亚尔国王讲故事？国王晚上不用睡觉吗？"

我抬头想了想，然后对她说："可能是因为国王白天要忙着处理政务，所以没有时间听故事。大多数成年人都是这样的，白天上班，晚上才能看书、看电视、看电影、看戏或者听故事。"

“哦。”她看起来似乎明白了的样子。但我发觉她脑子里还在思考别的东西。在我继续读故事之前，她问道:“爸爸，我们那次坐在房顶上看月食的时候，你说过，地球把自己的影子投到宇宙中去了，但是我们却看不到这个影子，因为宇宙是漆黑一片的。”

“对的，是这样的。”我回答道。

“但是为什么宇宙是漆黑一片的？它为什么不一直是白天呢？”

我把《阿拉丁与神灯》放到一边，开始思考我该如何向她解释夜晚的黑暗。这并不容易，因为在夜晚为什么是黑暗的这个问题背后隐藏着一个巨大的天文学谜题。要弄清这个问题，我们要对宇宙的面积和年龄有一定的了解。

事实上是这样的：在这个广袤无边、星光灿烂的宇宙中，每一个点上都必定有一颗星星。如果人们在一张黑色的纸上制造出无数个白点，那么这张纸最终将完全被白点覆盖。纸的表面将不再是黑色的，而是白色的。同样的道理，如果宇宙中有无数的星星，那么它就不会是漆黑一片，而是会亮如白昼。

但现在的夜晚并不是明亮的，这就意味着：要么是宇宙停在了某个地方，并没有足够的星光来彻底覆盖天空这张黑纸；要么是我们和星星之间有某种东西，它不发光，而且将许多星星的光芒吞噬。

在第一种情况下，宇宙不会是无限大，必须存在尽头。但是宇宙真的有边缘吗？一个无法逾越的漆黑外壳？这确实无法想象。如果我们真的到达了这个外壳，那么我们会立刻问自己，这背后是什么东西。我们会说，肯定有什么东西——即便只是毫无一物的空间。

这样看来，第二个答案似乎更为合理：我们和星星之间的某种东西吞噬了星星的光芒。但是如果仔细想想，这个理论其实是站不住脚的。吞噬光线意味着捕获和存储光的能量。宇宙中什么都不会丢失，更不用说能量了。

一定是处于我们和星星之间的黑色宇宙物质云吸收了星星的光能，所以它们才会逐渐升温。它们被数十亿个微小的供热器照射。其结果是它们也必定开始发出微光。在积累了足够的时间之后，最终它们也必然像自己吸收了光的星星那样发出明亮的光芒。

如果我们和星星之间存在着冰冷而又不发光的物质云（它们确实存在），那么我们只能得出这样的结论：宇宙还没有到足以使它们发光的时候。宇宙中存在的寒冷物质证明了我们的宇宙不可能是亘古永存的。宇宙一定是在过去的某个时间诞生的，否则在夜晚时分天就不会变黑了。

总而言之，这些思考证明，夜晚的黑暗与宇宙亘古永存、无限广袤的假设是相互矛盾的。在科学史上，这被称为奥伯斯佯谬。出生于不来梅的医师和天文学家海因里希·奥伯斯在1823年首先提出了这一理论。他的思想对宇宙学的发展至关重要，并最终得到证实：今天我们知道宇宙实际上并不是无限大、无穷老的，而是有一个开端。它源于一百三十多亿年前的一次巨大的能量爆炸，我们称之为原始大爆炸。

有时我会担心，斯特拉对我的宇宙学知识期望过高。读完《阿拉丁与神灯》后，我合上了书，然后对她说："亲爱的，上帝创造了夜晚。"

"为了让我们来讲故事？"

"为了让我们睡觉。"

说着这些话，我关上了灯，房间里变得一片漆黑。

☆

不仅仅是国王必须从早到晚勤勉执政，自然法则也需要如此。是的，甚至可以说，自大爆炸以来，自然法则总是毫无间断地执掌一切。宇宙中的万物无时无地不是由其自然法则所决定的，这一点在我们地球上也同样适用。这是一个永恒的真理！早晨降落在我们雨伞上的水滴，与几十亿年前宇宙的另一个完全不同的部分上的水滴拥有完全相同的特征。

对于我们天文学家来说，自然法则正是天赐之物。如果没有它们的存在，那么就没有我们的立锥之地。我们就完全无法理解我们用望远镜所观察到的东西。我们该如何解释行星的运动或者彗尾的出现呢？我们可能仍然像我们的祖先一样生活在神秘的魔法世界里，把每一个天文事件都看作上苍的旨意。

大陵五是古代最著名的星星之一，它大致上是“恶魔”的意思。这颗星星对人类来说是非常可怕的。因为它的亮度总在不断地变化：先是很亮，后来逐渐暗下来。周而复始，大约每隔三天变化一次。古人对这样奇怪的现象无法解释，便把它归于超自然的魔力。然而这其实是因为大陵五是一颗双星，它是由一颗明亮的主星和一颗稍微暗一点的伴星组成的。当伴星移动到明亮的主星面前时，它看起来似乎变暗了。从根本上讲，我们所看到的其实像是一次日食过程。两千多年以来（甚至更长），它就遵循精确的自然法则以每次间隔 2 天 20 小时 48 分 56 秒的频率出现。

天文学家总是反复地在宇宙中发现一些他们最初无法理解的现象。在 20 世纪 60 年代，英国天文学家约瑟琳·贝尔和安东尼·休伊什发现了宇宙无线电脉冲——一种高度规律性的哔哔声。这两位研究者一开始认为，这一定是外星文明发出的信号。这样一个精确的信号会是自然产生的？这在他们看来是不可能的事情。因此，他们将他们发现的信号源命名为 LGM1——小绿人 1 号。

但最终证明，贝尔和休伊什所监听到的并不是某个外星小绿人发出的信息，而是他们发现了第一颗脉冲星。人们不需要用 E.T. 来解释这个信号。这样的星星——质量非常庞大的老年恒星爆炸后的高密度残骸——在理论上虽然自1934年以来就为人熟知，但却没有人能够确定，它们在天空中是真实存在的，还是仅仅是数学公式世界里的思维构想。现在人们可以证明，它们确实是存在的。贝尔和休伊什的发现再次以高度的精确性证明了自然法则的力量和预测力。

我不得不承认，我的教育原则并不具有自然法则的特性。它没有那么精确，面对斯特拉，我没有做到坚持我的准则。

比如说，当我拿着信用卡在加油站等着付账时，她便会拿着一袋小熊糖溜达到收银台前。而且，这种情况不止一次出现。我对她说过无数次，给汽车加满油不是就一定要捎带着买袋小熊糖、一盒冰糕、一个奇迹袋、一本比比小魔女杂志、一个闪闪发光的发夹或一个霓虹跳跳球。但一切都是徒劳的。我并没有向斯特拉重申我的原则，因为可能说了也是白费唇舌。

但是我又能抱怨什么呢？我一次又一次地打破了自己的原则！斯特拉很少会这样站在我的身后，拿着小熊糖的袋子发出窸窸窣窣的声响。即使她经常这样，但只要她用乞求的眼神眼巴巴地看着我——美丽的金色眼睛里流露着无辜，那时我的原则就化为乌有了。我会点点头，接过那个小袋子，然后把它交给收银员。收银员不动声色地将它放到扫描枪的红色激光条中扫描一下。然后，我便把它递还到斯特拉手中。昨天这样的情节就差点再次上演。

突然之间，我想到了自然法则，想到了它们对我们天文学家的重要性。自然法则的有效性是宇宙的基础！那么我呢？我只会示弱，选择阻力最小的解决方式，因为我并没有兴趣和我的女儿展开一场大讨论。想想这实在令人难以接受。

所以我坚持了一下我的原则。结果不久之后，我的车上便出现了一个哭泣不止的孩子。斯特拉声称，我以前答应过要给她一袋小熊糖，还有一盒比比小魔女的磁带——我之前说过，在假期，她会得到一盒磁带。这话我确实说过，但我并不是说每次加油的时候都要给她买一盒磁带。

为了不在她心中留下一个严厉霸道的父亲形象，当下我要做的是，必须给自己的行为找个说法了。“我们不能总是想买什么就买什么，”我说道，“这是一条普遍性的准则。自然界也有一些普遍性的准则。大自然会遵循它的准则，对此我们应该感到庆幸。这是非常重要的。”

“我给你举一个例子。两百年前，人们认为，在地球的周围还有其他六个行星：水星，金星，火星，木星，土星和天王星。但是最后一颗行星——天王星，古巴比伦人和古希腊人并不知道它的存在。天王星仅凭肉眼是无法看到的。直至1781年，人们借助于望远镜才发现了它。它应该只能非常缓慢地在天空中移动，因为它距离地球非常遥远。但是经过长时间的观察之后，人们发现，它在运动过程中显然没有遵守这些规则。它并没有按照应有的方式围绕太阳运行，它的轨道就好像凹陷下去了。

“后来，人们最终弄清楚了为什么会这样：一定有另外一颗行星，第八颗行星，它的引力对天王星的轨道造成了干扰。然而，一颗距离地球如此遥远的行星，人们随机性地在天空中发现它，这完全是不可能的事情。这就好像你在海边想找到一颗以蜗牛般的速度在海滩上穿行的沙粒。你是没有机会的。然而借助自然法则，我们天文学家可以计算出这颗新行星的位置。就在预测的位置上，人们发现了它：海王星！它非常大，要比地球大得多。它闪烁着蓝色的光芒，流露出神秘的气息。它有一颗卫星，上面有冰火山。在火山爆发时，冷冻氮和甲烷雪就会被抛入大气层。这颗卫星的背面是太阳系中最冷的地方。这一切都让人如此沉醉。如果没有自然法则，我们将对此一无所知。我们将永远不会发现这颗闪烁着蓝色光芒的海王星！”

但是斯特拉并没有被我的激情所感染，她回应我说：“收银台那儿卖的那些霓虹跳跳球肯定更漂亮。”

有一个霓虹跳跳球看起来确实有点像海王星。但与行星不同的是，跳跳球会以不可预知的方式在房间里蹦来蹦去。没有任何规律可以告诉你，下一步应该在哪里找到它们。除了一个地方：加油站的收银台。

与自然法则不同，我们的情感是非常善变的。当我们到家时，我已经不太明白，我在加油站究竟是为何而

战。斯特拉也期待着与我和好，所以我们约定晚上再次一起踏上她的找星星之旅。

晚上的时候，她上楼去拿望远镜。不一会儿，她就激动地跑了下来。因为她又在她的房间里找到了一张字条。字条上又只有一行字，这次的内容是：午时，它会接近。加上之前的字条，那就是："你的星星。清晨，它会升起。午时，它会接近。"这是什么意思呢?

"中午的时候根本就没有星星啊。"

"不是的，"我说道，"我们只是看不见它们而已。"

"对哦，"她想起来了，"就像水星一样。"

"没错。星星总是在那里，不管是在早上，中午，还是晚上。它们自己不会停止发光。而只是因为太阳从地平线上升起来，阳光掩盖了这些星星的光芒。所以我们在白天才会无法看到它们。"

"那哪颗星星是早上升起来，中午的时候又离我们很近呢？"

这是一个好问题。如果在夜里长时间观察星空的话，我们就会发现：所有的星星都在一个大圈里围绕一个固定的点在移动。当然，这其实是因为地球在围绕地轴每二十四小时转动一圈。这就像是我们平时乘坐的旋转木马一样。天空中所有星星所围绕着转动的那个点，就是地球这个旋转木马的转轴的延伸。这对于我们北半球来说就是北极星。数千年来，人们都使用它来定位。因为它全年都位于天空中的同一个位置，并且精确地指向北方。

相反，所有其他星星都会移动，有时离地面近，有时离地面远。这样看来，我觉得斯特拉发现的字条里所描述的星星也许是北极星。“你的星星。清晨，它会升起。午时，它会接近。”其实应该是这样的：无论是在早晨，中午，还是晚上，北极星永远处在天空中的同一位置，并且一整天都与我们保持同样的距离。

“看起来应该是这么回事，”我对斯特拉说，“可能有人认为北极星是你的星星。”

“北极星好看吗？”斯特拉好奇地问道。

“是的，非常漂亮。它的亮度是太阳的2000倍。这一点很重要。它正好位于北极的上方，因此我们全年都可以看到它。无论是在夏天，还是在冬天——永远可以。它也是小熊星座中最亮的星星。这样看确实还挺合适。”

我们来到花园里，接着我试着让斯特拉认识一下北极星。这时候我注意到她偶尔还是会分不清左右。她拿着双筒望远镜朝我所指的方向望去。当我让她稍微向右移动一点的时候，她却把双筒望远镜移向了左边。

这时候我心里想：真是很奇特。与左右不同，我们从来不需要教孩子哪里是上，哪里是下。上下与左右之间的区别不过就是一个 90 度转角的事情。你只需要把图片往一侧倾斜一下，上下左右自然而然就清楚了。

但这说容易也不容易。没有生命的物体是不分左右的。我们是在直视山峰或是海面，还是看到的是它们在一块镜子中的倒影，这一点我们无法确定。但相反，如果是头顶上顶着一幅画，我们立即就能辨认出来。上面和下面不会混淆，原因是由引力决定的：所有的东西落下来的方向就是下面。

在古代，人们不敢朝大西洋的方向航行。人们担心可能会到达地球圆盘的尽头然后就会掉下去。这其实并不合乎逻辑，因为如果真是那样，那为什么整个地球没有朝那个方向坠落？而且，星星也应该一直坠入某个无底深渊。可以说，整个宇宙也必然会陷入自由落体的状态——除非宇宙真的是在一个巨人的肩膀上。但即使是这个巨人也不得不站在某个地方，这样才能解决这个问题。这样一来，我们只不过是将本末倒置了一下，问题还是没有得到解决。

人类花费了很长时间才搞清楚了坠落的最重要的特征：所有坠落的东西都会以同样的加速度落到地上。在地球上，由于有空气的阻力，所以诸如羽毛或树叶之类的较轻的物体下降的速度会被减缓。这样看来，物体的下降速度似乎是取决于重量。在月球上却并非如此，月球上没有大气层。1971 年，美国的阿波罗 15 号宇航员大卫·斯科特在月球上同时投下了一把锤子和一根猎鹰的羽毛。正如预期的那样，两个物体同时到达地面。斯科特说："真的是这样的！伽利略的假设是完全正确的。"大约有十亿观众见证了这一时刻，这可能是有史以来最大规模的一堂物理课。

✲

晚上躺在床上的时候，斯特拉对我说："爸爸，你当初为什么想要成为一名天文学家呢？"

“这个嘛，”我考虑了一下说道，“这是个很难回答的问题啊。我觉得，我是想要知道为什么万物会成为它们现在的样子。为什么每天早上太阳会升起来？为什么冬天会很冷，夏天会很热？为什么天空中会有星星？也许我甚至想要知道得更多。为什么我们会在这里？为什么会有我们人类？为什么我们要思考这些事情？”

“这些东西都会在天文学里学到吗？”

“嗯，但不是所有的事情。有些问题，特别是一些有关我们人类自身的问题属于哲学研究的领域。哲学和天文学都是非常古老的学科。人们总是想知道自己为什么出现在地球上，为什么有天空、星星和行星。250年前，著名的德国哲学家康德曾经说过，这个世界上唯有两样东西能让他的心灵感到深深的震撼：一是我们头上灿烂的星空，一是我们内心崇高的道德法则。”

“什么是道德法则？”

“其实，我认为康德是这个意思。在思考这个世界的时候，他发现有一点是非常值得关注的。他意识到，当我们思考这个世界的时候，我们不能忽视的，是我们在思考这个世界。有人可能认为这是不言而喻的，这并不重要，但事实并非如此。无论如何，康德认为，在我们能够了解宇宙之前，我们必须首先对自身有所了解。这并不是一件容易的事。虽然我们能确实地感觉到我们自身的存在，我们在这儿。我们可以思考。我们也可以在某种程度上倾听自身思想的流动。但是我们不能像对待某种东西那样——一个盘子或一本书那样——观察自己。我们在镜子里看到的自己只是外在的东西，我们的外表，而不是我们在谈及自我时所指的内容。这个自我在我们内心深处，我们看不见它。但它决定了我们做什么，不做什么。康德认为自我是一种内心的声音，它每次都会告诉我们，我们应该做什么，他将这种声音称为道德法则。这种法则可以简单地归纳为在某种场合中总是做的事，所有人在这种场合里最有可能也应该做的事！”

“我应该像所有人做的那样去做？”斯特拉问道。

“不，不是这样的。而是做那些所有人应该做的好事。但通常人们不会这么做。”

“哦，那这和星星有什么关系呢？”

“这个真的很难解释。也许它根本无法解释。我们根本无法看见身体中的自我，而星空却是如此真实、浩瀚地展现在我们的面前。这两者看起来确实似乎毫无关联。但是康德却感受到了自我和星空之间深刻的内在联系。当我们抬头仰望天空时，我们会感觉到自己正站在浩瀚宇宙的中心。

“你可能会问自己：这一切都是为了什么？是为了创造我吗？还是这一切都纯属偶然？所有问题中最重要的或者说最神秘的也许就是，如果我们不在这里，宇宙还会存在吗？因为实际上整个宇宙，无论多么巨大，都只存在于我们的头脑中。无论我们看到、听到或闻到什么，对图像、声音和气味的感受本来就产生于我们的头脑里——更别提情感和思想了。

“一切存在的事物都以某种方式和我们相联系并交织在一起。这使得区别事物、理解事物变得如此困难。因此我们天文学家的工作就专注于了解星星和宇宙。这可能还相对容易些。虽然宇宙很庞大，但是和我们的自我比起来，宇宙几乎可以说是一目了然了的。”

“你知道吗，爸爸，”斯特拉想了一会儿，然后对我说：“我觉得，哲学家都有点儿啰唆啊。”

“是吗？这我可不知道。”

“肯定是的。如果这个世界不存在，那么就不存在可以这样说我们。如果不存在可以这样说的我们，那么这个世界就又会存在了。你看，我说得对吧？他们真的很啰唆。”

✡

斯特拉告诉了贝丽特一些关于北极星的知识。她想拿自己的知识炫耀一下，但并没有收到预期的效果。贝丽特又摸出了那张几星期前在房间里找到的字条。字条上写着南方不必寻，所以贝丽特就认为北极星是她的星星，这让斯特拉感到很生气。

“北极星的秘密是我告诉她的，”斯特拉向我抱怨道，“现在贝丽特说北极星就是她的星星。我觉得这很不公平！”

“你不是不想要北极星吗？”我问道。

“是啊，但是我也没说，贝丽特就应该得到这颗星星啊。现在她有一颗星星了，但是我还没有呀。我不想再看到她了，她太可恶了。”

然而，这种情况很快就得到了缓解，因为贝丽特在她的房间里又发现了第二张字条，上面写着："东，西，北——完全不可能。"

加上第一行字后的字条上的内容是："南方不必寻。东，西，北——完全不可能。"

很显然，北极星不可能是她的星星。为了保持公平，她给斯特拉打了个电话，告诉了她这个消息。两人见了面，几分钟之后，她们又情同手足了。

本来事情适可而止就好了。但是，贝丽特的字条提出了一个严肃的天文学问题。如果她的星星不在北方、南方、东方或者西方，那最终的结论只能是它无处可在。换句话说，它根本就不存在。

"这个斯文！"我心里不禁埋怨道。因为我现在已经确信，这些字条是出自贝丽特的哥哥斯文。可能这个男孩想跟斯特拉和他的妹妹开个玩笑。现在这个问题又落到我的头上了。

"难道还有其他的方向吗？"贝丽特问我道。虽然她并不是很执着于寻找自己的星星，但她却有些生气，因为这样的话，她的星星就不存在了。"不仅仅有东方，还有东北和东南啊。”

这并不是一个坏主意。虽然，在地球上设定四个方向是非常合适的，但是一个三到七个或十个方向的系统也是可以行得通的——只不过，我们需要去习惯它而已。每种情况下都有太多的方向。要在地球上进行定位，其实我们只需要两个方向就可以了。

因为，如果在一个圆圈上，无论你向左转或向右转，这都无所谓。可以说，某个点位于东方 10 度——同样也可以说，该点位于西方 350 度。这意味着：准确来讲，如果我们知道，哪里是东方，我们就根本不需要西方。这对于北方和南方来说同样适用。事实上我们可以舍弃两个方向中的一个。

但不可否认，在地球上这样自我定位并不是很实用。这就是为什么在大多数文化当中，同一个系统一般都是由四个基本方向组成的，在西方国家当中也是如此。这最终反映了这样一个事实：地球是在自转，东西南北四个方向也就因此而得以确定。

除此之外，人们发现可以自由旋转的小磁针永远指向北方。我们不知道这一发现的具体时间——公元 2 世纪的时候，在中国的一本古书中首次提到了这一点。[①]

但那时候的中国人并不是野心勃勃、乐于发现的航海家。他们并没有把磁针的这一特性用于指示方向，而是创造了一套由十二个方向组成的体系。这一体系印证了他们对生命和自然界的神秘构想。

“中国人，”我边说边把字条递还给了贝丽特，“有十二个方向。他们用动物来命名。例如，有老鼠的方向，还有兔子、猴子或者山羊的方向。”[②]

两个孩子都非常喜欢这个方向系统。因为她的星星不在北方、东方、南方或者西方，所以想了一会儿后，贝丽特决定她的星星应该位于兔子的方向。

---

① 先秦时代的中国劳动人民已经积累了对磁现象的认识，《管子》的数篇中早已记载了这些发现:“山上有磁石者，其下有金铜。”《山海经》中也有类似的记载。磁石的吸铁特性很早就被人发现了，《吕氏春秋》九卷精通篇就有:“慈招铁，或引之也。”英国科学家李约瑟在《中国对航海罗盘研制的贡献》一文中也有相关的论述。他从《古今注》《管氏地理指蒙》《九天玄女青囊海角经》等书的记载中推测出如下结论:“磁石指向性转移到它吸过的铁块的发现在中国大约在公元1世纪到公元6世纪。”

② 中国古代将周天等分十二分，用十二支表示，而十二支配属十二生肖。

✡

之前，斯特拉将行星误选为自己的星星，因此感到非常失望。为了防止这种事情再次发生，昨天，我带她观察了一下土星。它从东北方向爬到了街边的那棵菩提树上方，并散发出了银色的光芒。令人遗憾的是，土星最引人注目的特征——围绕着土星的行星环就像一个宽大的帽檐——至少得通过天文望远镜才能隐约看得到。它们主要由冰块组成，并会将很多光线反射出来。所以，虽然木星离太阳的距离是土星的2倍，但如果在合适的位置上，土星要比木星看起来还要明亮。大概每隔十五年，从地球上就几乎看不到土星的光环，因为这个时候我们看到的恰好是它狭长的边缘。今年更是如此。

像木星一样，土星是一个没有固体表面的气体行星。1979年，从地球发射的宇宙探测器——先驱者11号首次拜访了这颗星球。先驱者11号在它的光环上发现了一些细节和一颗新的卫星。发现土星和木星的卫星是天文学研究的常规项目，但给这些卫星命名却是一个不小的挑战。迄今为止，我们共命名了60颗土星的自然卫星。它们的名字有泰莱斯托、卡吕普索、阿特拉斯、普罗米修斯、潘多拉、潘、伊米尔、帕利阿克、塔沃斯、伊耶拉克、苏图恩[1]、基维尤克、蒙迪尔法利，还有阿尔比俄里克斯等。天文学中常常会根据神话中的人物名字来给天体命名。但这张不完整的名单表明，给土星命名的方式早已超出了希腊神话和罗马神话的范畴。[2]

继木星的卫星伽倪墨得斯之后，土星的卫星泰坦星是太阳系的第二大卫星。它是1655年由荷兰人克里斯蒂安·惠更斯发现的，同时它也是太阳系中最有趣的天体之一。它虽然是一颗卫星，但比水星的体积还要大，而且在同等大小的天体中，唯有它拥有高密度的大气层。但是它的大气层中并不包含氧气，而主要由氮气和甲烷组成。

这意味着，在泰坦星上存在天气变化——但不

① 苏图恩，北欧神话中的一名巨人，名字的正确写法为Suttungr，常被误写为Suttung。

② 例如，泰莱斯托、卡吕普索是希腊神话中的人物，塔沃斯、阿尔比俄里克斯出自高卢神话，伊耶拉克、基维尤克来自因努特神话，苏图恩、蒙迪尔法利等源自北欧神话。

适宜人类居住，因为零下170摄氏度的那里全年冰冷。2005年1月，一个宇宙探测器在经历了7年的长途旅行之后，在它的表面轻轻地着陆了。在穿越泰坦星大气层的飞行过程中，它用无线电波将美丽的图片传送回了地球。人们从图片上可以辨认出山脉、海洋以及河流系统——但是它们不是由岩石和水，而是由冰和碳化合物组成的。

尽管这些自然条件对我们人类而言并不适宜，但一些研究人员认为，在泰坦星上可能出现过生命前期物质或者早期生物，因为它的大气中含有大量的有机物。为了能够更准确地回答这个问题，我们必须再次造访这颗遥远的卫星，并对它进行长期的研究。

斯特拉把望远镜瞄准了土星。由于土星的光环位置，所以与水星或者木星相比，它今年的光线相当微弱。斯特拉对眼前的景象应该还是有点动心的。但我觉得，就像以往遇到这种情况的时候一样，她会假装对土星并不是十分感兴趣。在三次把行星当作星星之后，她想把主动权掌握在自己手里。她把望远镜递还给了我，然后说道："我觉得，我们应该把土星打扫一下，这样它才能亮起来啊。”

✲

现在，斯特拉已经认识太阳系的所有行星了。金星、火星、木星和土星她都已经亲眼看到了，水星从她的眼前溜走了，天王星和海王星的情况我也同她讲过。现在她知道，行星是距离太阳有一定距离并且围绕太阳飞行的天体。这最初是由哥白尼提出的，而我又把这些知识传授给了她。所以应该有人会据此推测：“绕太阳运行的天体”就是“行星”真实、准确的定义。

但事实并非如此。我们天文学家面临的问题是，有数百万、甚至数十亿的各种大小的天体在太阳附近移动，但它们并不是行星。例如，在火星和木星之间，有一片由岩石碎片组成的区域，被称为小行星带。自大约45亿年前行星产生时，它们就存在了。随着时间的推移，其中的许多碎片坠落到了其他天体上，如月球或地球上，而在那里留下了巨大的陨石坑。

在第八颗行星——海王星的另外一边，存在着一片由一些物体组成的区域，而对于这些物体的性质，我们天文学家一直存在着争议。通过精确的测量方法，我们在那片区域发现了成千上万的天体，它们也在外围轨道上环绕着太阳移动。这其中至少有一颗天体比冥王星的体积还要大。冥王星同样也在那外围做着圆周运动，而且在长达六十多年的时间里，它一直在所有的教科书中被列为太阳系的第九大行星。[①]

最后，在更远的宇宙深处，在太阳系最外层的边缘区域中，围绕着我们的是一个由冰块和岩石碎块组成的外壳，即所谓的奥尔特云[②]。有时候，个别物体会从中分离出来，最终在太阳附近变成了我们所看到的彗星。

那么什么是行星呢？国际天文学联合会（IAU）最终给出了这样的统一技术性定义：行星通常指沿着特定轨道环绕着恒星移动的球形天体。它的轨道周围没有其他天体，而且本身不会像恒星一样发光。由于冥王星不符合这个定义，所以国际天文学联合会在2006年8月

---

① 1930年，天文学家克莱德·汤博发现了冥王星。2006年8月24日下午，在第26届国际天文学联合会通过第5号决议，由天文学家以投票的方式正式将冥王星划为矮行星，自行星之列中除名。

② 又译欧特云，是一个假设包围着太阳系的球体云团，布满着不少不活跃的彗星，距离太阳约50，000至100，000个天文单位。

将它踢出了行星名单。

这样一来，我们就得转变以往的观念。以前，为了更好地记住这九颗行星的顺序——水星、金星、地球、火星、木星、土星、天王星、海王星以及冥王星，德国人用这些行星的首字母编成了一句话：我的父亲每周日向我解释我们的九个行星（MeinVater erklärt mir jeden Sonntag unsere neun Planeten[①]）。一个小的改变就可以使这句话再次符合新的情况，现在德国人常常读到的是下列的这个版本：我的父亲每周日向我解释我们的夜空（MeinVater erklärt mir jeden Sonntag unseren Nachthimmel）。

但为什么冥王星不再被视作一颗行星了呢？它围绕太阳做轨道运动，是球形的，而且不是一颗自己会发光的恒星。但是，正如国际天文学联合会对行星定义的要求那样，它没有"清理"自己的轨道。在它围绕着太阳旋转的轨道上有着成千上万的其他天体。

---

① 水星、金星、地球、火星、木星、土星、天王星、海王星以及冥王星的德语名字分别为Merkur、Venus、Erde、Mars、Jupiter、Saturn、Uranus、Neptun、Pluto。

事实上，关于冥王星有一个传奇的故事。它在1930年由于一个错误的计算而被发现，并且在一个对行星来说非常另类的轨道上围绕着太阳移动。此外，它最初被预测为一个非常大的星球，但这在接下来的几十年中并未得到证实。人们观察得越精确，它就变得越小。因此，两个行星学家曾玩笑式地估算过它何时会再次从天空中消失（现在不管怎么说，这个预言也算是应验了）。

根据当时的天文学惯例，冥王星是按照希腊神话中的一个神的名字来命名的。但那是在1930年发生的事。而今，我们已经在太阳系的边缘区域发现了几千个直径超过100千米的天体。如果其中某些天体像冥王星一样是球形的，那么它们就被称为矮行星。其中一颗叫厄里斯，比冥王星的体积还要大。其他有的根据北美印第安人的创世神话被命名为塞德娜、奥库斯或者夸欧尔，还有一颗根据印度神话被称为伐楼拿。如果我们把所有的星星都用神的名字来命名，全人类的神话也满足不了需求。所以还有一些只能使用抽象的天文目录编号当作名字。

所以按照逻辑，最终我们不再把冥王星看作一颗行星，而是把它归入新设立的矮行星体系。事实上，这种重新定义甚至将它的等级提升了。因为一夜之间，它就从太阳系的边缘行星摇身变为附近所有矮行星的命名者。它们现在被称作冥族小天体。

斯特拉和我有一本共同喜欢的书——米切尔·恩德的《小纽扣吉姆和火车司机卢卡斯》。在这本书中，吉姆和卢卡斯不得不穿越大沙漠去寻找莉茜公主。在途中，他们遇到了一个可怕的巨人。正当吉姆准备逃走时，卢卡斯却镇定了下来。他发现，这个巨人虽然身材奇特，但却十分友好，而且总是面带微笑，人们根本不需要害怕他。他朝那个巨人招了招手，紧接着不可思议的事情发生了，巨人离他越近，身材就会变得越小。当来到吉姆和卢卡斯身边时，巨人便和普通人身材差不多了。他就是假巨人突突先生。

面对着满怀惊讶的卢卡斯和吉姆，突突先生向这两位朋友解释道：通常来说，人们在离开时会越来越小，但靠近时会越来越大。但对他这个假巨人来说情况却是恰恰相反的。随着距离的增加，他会变得更大，当然只是看起来更大。事实上，不管他离我们有多远，人的大小都不会改变。整件事其实只是一种空间错觉、一种三维的错觉效果。

突突先生说的是有道理的：空间确实是一种奇怪的现象，它存在于我们上下左右、前前后后，但却无法被触摸到。它朴实无华、空无一物，但却与我们的日常生活息息相关。几乎没有什么东西能像空间这样让我们天文学家感到难以理解。比如说，我们会问自己，空间究竟为什么会有三个维度——高度、宽度和深度，而不是五个或是十个或者只有一个？

因为从数学角度来看，在我们空间的三个维度中添加第四个数字，这只是一件极其容易的小事。我们不用三个而是用四个坐标定义一个点，这样就完成了。唯一的问题是，我们无法想象一个四维的空间，我们缺乏相应的意识。对于我们人类这种三维生物来说，生活在一个四维的空间是件令人非常困惑的事情。因此在我们眼前，就可能会出现比假巨人突突先生更为奇怪的东西。

我们可以用针刺入一块二维的桌布。同样，我们也可以用四维空间刺中一个我们这个三维空间的东西。这样一来，我们面前突然之间就可能会凭空出现一个金属物体。这就好像桌布上的一只蚂蚁面前突然出现了针尖一样。

更为可怕的是：就像我们可以从上方看清一张纸上的一个圆圈一样，第四维空间的人们可以完全看穿我们这些三维生物。从纸上看这是不可能的，但是从一个更高维度的视角来看这是可行的。第四维空间的人们完全可以看穿我们的身体，甚至我们的头脑。

但是奇怪的事情不仅会发生在我们的三维空间中，我们的三维空间本身也会出现奇特的变化。例如，它可能会像一张纸那样被卷起来——但恰恰是这种可能性对我们天文学家来说是件特别有趣的事情。因为，如果我们宇宙的形状像是一个长长的四维管，那么我们就可以像缠绕花园软管一样把它卷起来。作为三维生物，我们根本不会注意到这些。但在我们宇宙中相距非常遥远的部分就可以通过这种翘曲直接实现接触。通过向第四维的一小步跳跃，我们就可以走完漫长的三维距离。

✲

能够在一定程度上流行的天文学术语并不多，但“空间曲率”肯定是其中之一。1919 年，爱因斯坦的广义相对论得到了证实。当时，伦敦《泰晤士报》曾刊登了一篇两栏的标题文章——科学革命，两个副标题是：“宇宙新理论”“牛顿观点的破产”。这篇文章首次公开提出了空间是可以被弯曲的。英国伟大的物理学家伊萨克·牛顿的观点可能会被推翻。这个消息让这篇文章立刻成为伦敦街头巷尾的热门话题。爱因斯坦一举成名，在《纽约时报》上甚至出现了这样的言论：“天空中所有发光的天体都是倾斜的——星星并不在它们看起来的位置，或者是我们估计的地方，但是人们不必感到害怕！”

这一点说对了：人们不必感到害怕。总的来说，在地球上，空间曲率并没有发挥多大的作用。但是对于宇宙的命运而言，它却极为重要。为了理解这一点，我们可以把宇宙想象成一块巨大的橡胶布，星星、行星和卫星就像这块布上散落的弹珠。它们都各自滚落在小凹坑中，但是因为它们彼此相距甚远，所以不会互相干扰。

如果其中一个较小的弹珠接近一个较大的弹珠，那么就可能会出现这种状况：小弹珠旋转着掉到大弹珠的凹坑中，然后它就会像轮盘赌中掉进轮盘的小球一样四处滚动。或者更天文学一点地说，就像一颗恒星周围的行星一样。从上方看，就仿佛有一种力量把小弹珠吸引到了大弹珠的一边。三百年前，正是伊萨克·牛顿发现了那个力量——万有引力。因此，他能够从数学的角度来解释行星系统。更重要的是，他的公式阐释了地球围绕太阳的运动同一个苹果掉落地上的运动其实如出一辙。这是一个非常巨大的进步。但是，牛顿却无法解释一件事：他所发现的力量究竟是如何从一个物体作用到另一个物体，如何从太阳作用到地球、从地球作用到苹果呢？这种情况就像是有一个巨大的宇宙套索把地球和太阳连接到了一起，但却并不存在着这样一条看不见的线。

如果人们把空间看作带有凹褶的橡胶布的话，那么就不存在这种力如何传递的问题。为了到达大弹珠那里，小弹珠只需沿着它陷入的局部空间的曲率滚动就可以了。这个观点并没有改变任何事情，但是它对于我们理解空间来说却有着十分重要的意义。因为在我们这个像橡胶布一样的宇宙里，空间已不再是一成不变的东西，不再只是恒星和行星上演大型芭蕾舞剧的空荡舞台。更确切地说，它自己就是所发生的一部分：恒星和行星使它改变、旋转和弯曲，同样它也通过自己的曲率来决定它们的运动。

我们把空间曲率描绘成一块橡胶布的设想是不完美的。按照这种设想，弹珠会因为落差而滚动。但在我们真正的宇宙星辰之中，空间曲率是没有落差的。此外，并不只是空间，而是一种被称为时空的世界结构通过物质的存在而发生了弯曲——这没有让这件事变得更简单一些。但空间和橡胶布之间的类似性表明，曲率可以作为力量出现，我们无须一根神奇的线来理解万有引力的远距作用。

但曲率还有更多的作用。例如，宇宙中的某些物体如此庞大，以至于它们不仅可以把小的凹褶挤进宇宙中，能将附近所有东西吸入其中的深漏斗也难以逃脱。我们把这种极端的时空曲率称为黑洞。因为没有任何一个滑入黑洞的东西可以再次逃脱——连光线也不例外。就好像我们这块橡胶布的那一处变成了一个细管，物质和能量可以通过它从宇宙中流出。

时空中的这种管道效应不仅引发了宇宙学家的关注，也激发了科幻小说家的创作热情。因为我们对此可以做出种种大胆的假想，而且可以提出一连串有趣的问题。例如，宇宙是否有一个或多个管状的出口？如果是的话，它们通向哪里？这样是不是同样也应该有相应的入口？如果我们把这种时空管道的末端相互连接，那将会发生什么事情？目前，这纯粹还停留在数学研究的阶段。如果这在现实当中得以实现的话，那么我们就有可能在宇宙中建立起某种隧道：空间中彼此相距甚远的点就会通过时空里的短管彼此相连接。

这将是多么有趣的情景：在宇宙中旅行就像在瑞士旅行一样。人们不必艰难地穿过可见太空的漫漫长途，而只需像通过隧道穿越阿尔卑斯山一样，瞬间从宇宙的一端到达另一端。这会是我们处理太空旅行难题的一个非常优雅的解决方案，我们将不必再臣服于遥远的空间距离。

然而问题在于，我们不知道宇宙中是否存在这样的隧道——在宇宙学上它们被称为虫洞。从数学研究角度看，这种可能性是存在的。但这并不意味着，它们就一定在现实当中存在。如果要验证这个问题，我们必须飞进一个黑洞，去查看一下，它到底通往哪里。如果它只是一个没有出口的洞穴，那么我们就遇上了大麻烦，我们会永远卡在那里，因为在黑洞当中，我们无法掉头或者转身。

在现代所有的天文学概念中，黑洞的定义过程可能是最曲折的。它大约有三十年的历史，源自美国一位物理学家约翰·阿奇博尔德·惠勒。单从数学角度来看，黑洞是爱因斯坦方程式的特殊解决方案。对于这个方程式，我们天文学家已经熟知了八十多年了。但直到约翰·惠勒把这种解决方案称为黑洞时，它才突然之间成了天文学家和科幻作家的宠儿。

很显然，一个绝对黑暗的地方，这样的构想激发了人们的想象力。在吉姆和火车司机卢卡斯向突突先生告别之后，他们必须穿过黑岩地区——“黑暗大峡谷”。那里一片漆黑，以至于它吞噬了所有的光线和温暖——

在穿越黑岩地区的路途中，没有一个天文学家不会联想到黑洞之旅。

从物理学上讲，黑洞是质量浓度极高的空间区域。因为所有的物质彼此相互吸引，就像地球会吸引一个坠向地面的锤子，黑洞也以令人难以置信的力量吸引着其周围的一切：光、温暖、物质——简单来说就是一切事物。

黑洞这个定义虽然很迷人，但是也有一定的误导性。因为黑洞其实并不是我们想象中的坟墓或者排水沟一样的洞穴。从安全距离之外看，黑洞是乌黑的球体。作为星星的残余物，它们的直径有几千米。也可能会更大，也可能有更小的，甚至非常微小的黑洞。这一点我们天文学家也不能确定。

无论如何我们都应该远离黑洞，不管它们有多大。如果我们把黑洞当成一个足球来罚点球的话，那么它会原地不动，但罚球队员会瞬间消失在黑洞里。如果我们在黑洞上点燃一根蜡烛，那么烛光不会向上或向侧面闪烁，而是向下（更不用说蜡烛本身其实也会瞬间消失在黑洞里）。

当星星的能量消耗殆尽时，它们就会像一把没有伞骨的雨伞一样走向毁灭。根据重量的不同，它们会到达不同的终极阶段。像太阳这样较轻的星星就会变成一颗白矮星。这听起来很可爱，但白矮星其实是个直径上万千米的炙热实心球。较重的星星最终会变成中子星。中子星的密度非常之大，以至于它上面的一颗大理石在地球上的重量就是黑尔戈兰岛[①]的10倍。

要成为一个黑洞，一颗星星的重量必须至少是太阳的6倍。这样巨大的星星在宇宙中并不罕见——它们非常明亮，但寿命却很短暂。它们一旦消耗完它们的燃料，它们的物质就会坠入无底深渊——这是任何事物都无法阻止的事情。整个星星就完全消失在一个黑洞中。

环绕着原有星星的薄边界层，我们天文学家称之为“事件视界”。它就像一个宇宙剧院的幕布一样遮掩着黑洞。所有幕布前发生的事情，我们都还可以观察到。而幕布后面发生的事情则永远被隐藏着。无论是光还是任

① 黑尔戈兰岛（Helgoland，亦作Heligoland），欧洲北海东南部德国岛屿，属石勒苏益格－荷尔斯泰因州。在威悉河和易北河口湾西北，东南距库克斯港65千米。面积2.09平方千米。

何一种信息都不会从这个区域传达到我们这里。

也正是出于这个原因，陷入黑洞中的物质会永远消失。一旦物质穿过这个边界层，我们可能永远都不知道，它会变成什么样子。如果一位宇航员飞进了一个黑洞，那么他可能会有一场非常独特的经历。他永远不可能和我们分享他的经历，因为我们再也看不见他了。

对于斯特拉和我来说，幸运的是，这一点使黑洞与黑岩地区得以区分开。因为小纽扣吉姆和卢卡斯可以在黑岩地区把火车上的蒸汽排出，这种蒸汽在寒冷的气温下会冻成雪冰反射在岩石上，这样他们便可以借此看到一些事物。但很遗憾，在黑洞里，这个妙招就不灵了。

斯文的话让斯特拉和贝丽特完全按捺不住心中的期待。他声称，有一天她们可以飞到自己的星星那里。不久前，他还断言，任何地方都找不到它。显然，他已经把这件事情忘得一干二净。取而代之的是，他向两个女孩解释说，不久就会有梦幻般的超级太空船，它们可以像小型的太空兰博基尼一样在宇宙中四处飞行，因为空间是可以弯曲的！然后，斯特拉就来找我了。她想知道，乘坐这样的超级太空船到达她的星星那里需要多少天；空间是可以弯曲的，这究竟是什么意思。

“为什么你们总是爱听斯文的呢？”我忍不住责备道，“他什么都不懂，他是电视看多了。”

“但是他说，就连爱因斯坦也说过，空间是可以弯曲的。他说，爱因斯坦是世界上最聪明的人。你也这样说过。”

“好吧，世界上有许多很聪明的人。他确实是最聪明的人之一。”

“所以你看，斯文说得没错。”

“空间翘曲却不是那么简单的事儿！”我说，“斯文的理解简直就是胡说八道，或者说至少是错误的。”

我从贝丽特那里了解到，斯文的天文学知识是从电视节目、廉价的幻想小说和科幻片里获得的。那里面的宇宙飞船和超自然力量就像中世纪对女巫和龙的盲目迷信一样理所当然。

晚上，我打电话给斯文说：“你对斯特拉和贝丽特所做的事情很感兴趣，我认为这很好。但是在她们两个面前，你还是得注意一下你的言行。斯特拉非常相信你说的有一天能飞到星星上这个儿童游戏。我费了很大的力气才说服她放弃这个想法。”

“但总有一天我们肯定可以做到的，”他为自己辩护道，“这不需要太长时间！”

“斯文，”我打断了他，“这不可能！星星离我们太远了。”

“几百年前人们还说没法登上月球呢。”

“那好吧，”我说，因为在这点上他说得确实有道理，“对于宇宙航行还有它的历史，你知道多少啊？”

“不太多。”他承认道。

“想不想听我跟你说说？”

“那好吧。”

“我同意你的说法，宇宙航行的历史的确是从幻想开始的。在以前那个时代，人们可能会认为这种幻想是不切实际的。1865 年，一位名叫儒勒 · 凡尔纳的作家写了一部名字叫作《从地球到月球》的小说。书中描写的旅行过程在当时看来真是太精彩了。但是儒勒 · 凡尔纳的主人公是用一门超级大炮把他们的宇宙飞船发射到了月球。但在现实生活中，这是行不通的。可以这么说，小说中的一些事情是对的，但也有些是不对的。”

斯文说：“但是现在已经有可以飞到月球的宇宙飞船了。”

“儒勒·凡尔纳的小说使许多科学家受到了启发。19 世纪 80 年代，俄罗斯数学家康斯坦丁·齐奥科夫斯基发表了第一部有关宇宙飞行可行性的著作。1903 年，他为火箭建造提出了一个基本方程式。虽然当时人们还无法建造火箭，但是许多工程师都开始对这个话题产生了兴趣。例如，在 20 世纪 20 年代，一位德国工程师赫尔曼·奥伯特①写了一篇有关发动机和多级火箭设计的博士论文。但令人感到可笑的是，他所在的院系却认为这篇博士论文的内容太过离奇而把它驳回了。”

“就像今天的超光速引擎一样！”斯文喊道。

“遇事必须要冷静。在奥伯特的博士论文被否决后，他把它改成了一本书，名字叫作《飞往星际空间的火箭》。这本书随即成为当时的畅销书。人们明显感觉到，有什么事情要发生了。就连电影业也对此产生了兴趣。

---

① 欧洲火箭之父，德国火箭专家，现代航天学奠基人之一。

1929年，著名导演弗里茨·朗格拍摄了一部电影《月亮中的女人》。为此他还特别聘请了赫尔曼·奥伯特做科学顾问。在这部神奇的电影中，甚至采用了倒计时。弗里茨·朗格希望用这种方式使电影的开头尽可能地扣人心弦。这是一部无声电影，不能有噪声。所以你在电影里就会看到一个接一个地写着数字十到一的数字牌。由此观众就知道，在数字零出现时一定会有事情发生。赫尔曼·奥伯特甚至计划，在电影首映时发射一枚真正的火箭。但这个方案太过冒险，所以最后放弃了。”

“这放到今天就完全没有问题。”

“是的，斯文。这方面发展得非常快。当时在柏林还有一小群火箭爱好者，放到今天人们可能会说他们是科技怪胎。他们坚信载人宇宙飞行的可行性，并在泰格尔[①]进行了引擎测试和发射尝试。韦纳·冯·布劳恩[②]便是他们当中的一员。他是一位优秀的工程师，但最重要的是他野心勃勃。他与军方联手，在20世纪30年代和

---

① 柏林市西北的泰格尔区，柏林泰格尔机场在此处。

② 第二次世界大战期间，他是德国著名的火箭专家，对V-1和V-2火箭的诞生起了关键性作用。被称誉为“现代航天之父”。

40 年代写下了宇宙航行史上最成功、但也是最黑暗的一章。由他设计的 V-2 火箭以超过一百千米的飞行高度首次到达了太空。这本来是非常了不起的事情。但这些火箭是强制劳动者在哈尔茨山矿山隧道里的恶劣条件下制造出来的，并被用作对英国作战的武器。我想我最好还是不要告诉你，当时到底发生了些什么事情。”

“我知道是怎么回事。是纳粹之类吧？”

“总有一天你还是应该了解一下这些事的。但是好吧，这不是我们今天要讨论的话题。对此我只想说的是：可能有人对你说过现在是逐渐忘记这些东西的时候了，无论如何都不要相信这种说法。让我们重新回到火箭的历史这个问题。战后，主要是美国和苏联在进行火箭研究。开始时，苏联人的研究进展更快一些。1957 年，他们就发射了一颗名叫‘伴侣号’的人造卫星、一颗直径约六十厘米的金属球和两三根天线。‘伴侣号’是太空中第一个环绕着地球飞行的人造物体。不久之后，苏联人就把第一个生物——小狗莱卡送上了宇宙。1960 年，他们又使尤里 · 加加林成为第一位太空人。在那几年里，美国人始终落后于苏联人，他们对此感到非常耻辱。所以，他们最终开始了阿波罗计划这样一个雄心勃勃的太空项目。他们的目的就是要成为第一个登上月球的国家。1969 年，他们终于成功了。这无疑是一项伟大的技术成就，但这些都是大约四十年前的事情。”

“我说的就是这个意思，”斯文说，“现在，这方面一定还会继续向前发展的。”

“这说起来很容易。长期以来，载人航天研究的支持者一直认为我们现在应该飞往火星。火星也确实是一个有趣的目的地。九岁那年，我从电视上观看了人类的登月旅行。等人类登上火星那一天，我一定会像当初一样兴奋地坐在电视机前。但是把人类送往火星比起送往月球更是一项技术挑战。这不仅仅是比以前飞得更远一些。这一点我们早就可以做到了。研究探测器已经飞到了海王星，甚至更远的地方。但问题是，包括回程在内的火星之旅至少需要两年时间。没有人知道，如何让一小群宇航员在一个狭小的空间里孤独地待上这么久。如果被剥夺了行动自由，那么人们就会表现得很敏感。如果我们既没有私人空间，又无处逃避，那么对我们来说就真的很难做到。这并非技术问题，而是一个心理问题。一旦飞往火星的宇宙飞船出发了，就没有人可以退出。也许有一天，宇航员会开始互相讨厌对方。在宇宙中，他们又没有可以出去发泄的地方。那里没有大自然，没有动物，没有云彩，没有白天，没有夜晚——什么都没有。太空不是一片沙漠，而是纯粹的虚无。谁能忍受这一点呢？”

“那么我们就必须建造更快的宇宙飞船。为什么这是不可能的呢？”

“问题就在于为什么这其实是不可能的。20世纪时，航天技术出现了惊人的发展。在儒勒·凡尔纳的时代，火车的最高速度是每小时100千米。一个世纪以后，阿波罗11号就以每小时4万多千米的速度飞到了月球。最高速度提升到了400倍，在人类历史上，这是在最短时间内发生的。在此之前，我们刚刚实现了整个人类历史上以往最高移动速度的5倍。如果阿波罗计划之后的发展速度像以前一样继续下去的话，我们今天必定早就达到光速了。但我们没有做到这一点。自登月以来，几乎没有发生过任何事情。为什么会这样呢？我们还是为宇宙航行投入了很多资金。我确定，如果我们知道如何能建造更快的宇宙飞船的话，我们会建造的。问题很简单，但是我们并不知道答案。所有曾经建造的宇宙飞船都会通过排放热燃气体产生推力。而更有效的、能够让我们在可以接受的时间内走完更远的太空旅程的推进方式，还不存在。”

“现在有制造原子引擎和离子引擎的研究计划啊。”斯文回答道，“有了这个，我们就能做到了。”

“是的，这说起来很容易。但是首先，这些发动机也是按照反冲原理运转的。其次，把一个核反应堆运送到地球运转轨道上也确实不是一件简单的事。一旦出现问题，那可能会造成灾难性的后果。但有一点你确实也说对了：未来很难预测。也许有一天，我们将会拥有一种交通工具，乘坐着它我们就可以在太阳系中穿梭往来，这确实是有可能的。尽管如此，我不禁要问，究竟谁能对这样的飞船感兴趣呢？人类将不得不投入大量的资金来对行星系统展开勘测和探索。但与此同时，我们却对整个行动的实际目的没有任何把握。我们的问题是：我们究竟应该到其他星球上做什么？”

“我们可以在那里建立殖民地啊，”他说道，“我们把它们变成类似地球的行星。也许火星上曾经有过生命。说不准那里一直都有生命存在呢。”

“嗯，”我说道，“这是有可能的。有一天，我们可能会到太阳系的其他星球上活动。至少在技术上这是可以想象的。也许有一天，我们会去金星上冲浪，在木卫三[1]上滑雪。但是我们不会到达太空中太遥远的地方。我猜想你知道，光速是所有速度中最快的。任何东西、任何人都无法比光移动得更快。我们建造的每艘太空船都总是会保持在这个极限速度之下。但这还不是全部。斯文，不幸的是，事情比这复杂。假设我们可以建造一艘几乎达到光速的飞船，那太好了。我们满怀好奇地坐上去，出发了。我们的目的地是半人马星座阿尔法星，这是一颗离我们只有四光年远的双星。从宇宙上看，这不过是一步之遥。但是由于我们的太空船只比光速慢一点点，所以我们需要四年的时间才能到达那里。我们还需要四年返回到地球上——这一共是八年。这听起来还不是那么糟，还算可以接受——但是我们还

① 是伽利略在1610年首次观测到的卫星，同时也是太阳系中最大的卫星。围绕木星运转，公转周期约为7天。

没有考虑相对论的问题。因为根据相对论，太空船上的时间会比地球上的时间走得慢。这意味着，我们在太空旅行过程中或者在我们在行程结束时查一下太空飞船上的日历，来看一下我们在路上花了多长时间。这时候，我们会发现，我们没有用到八年，而只是四年。确切的数值取决于我们的速度能多接近光速。好吧，也许三四年的差距还算可以接受。斯特拉现在七岁了。等我返回地球时，她就十五岁了。作为一个父亲，这会让我感到很伤心，但我们之间的情感纽带还不至于因此被迫中断。

“但如果目的地离我们的距离不是四光年而是四十光年呢？我们加速的时间越长，飞船上的时间走得就越缓慢。这就相当于地球上的时间被加速了。几年之后，我们将回到一个已经过了八十年的世界。谁知道，那时候我们还能认出什么东西呢？如果是一百年、两百年或三百年，那我们又会错过了什么呢？想象一下，如果拿破仑突然出现在这里。相信我，他不会成为世界上最强大的人，而是很快就会无家可归。事实上，我们对银河系的已探测空间距离不超过三百光年，而银河系的直径高达十万光年。我们究竟应该如何在合理的时空范围内去探索整个银河系呢？”

“利用虫洞，”他回答道，“我们从那里飞进去，然后就可以从太空中的另一个地方飞出来。”

“好吧，”我说道，“我们按照这个想法来过一遍。虫洞是迷人的理论对象。但想要理解它们，我们需要掌握非常复杂的数学知识。这正是问题所在。尽管从数学角度看，描述虫洞是可能的，但我们远不知道它们在现实当中是否存在。我不是这方面的专家，但是有专家已经计算出虫洞的一个缺陷——它们很不稳定。如果我们飞进去，那么我们就可能会被它摧毁。穿越虫洞的旅程——除非我们活了下来——很可能会是一次有去无回的旅程。这意味着，即使利用虫洞，我们在宇宙探索方面也很难取得真正的进展。听着，斯文，让我们再回到儒勒·凡尔纳和那些科幻作品。我理解，科幻作家们很喜欢虫洞，因为虫洞可以解决光速的问题。但是正如儒勒·凡尔纳这个例子所显示的那样，我们不应该完全从字面上去看待科幻作品。不管怎么说，那里面的东西不一定全是对的。500 年前，一个名字叫作托马斯·莫尔的英国人写了一部名为《乌托邦》的小说。‘乌托邦’这个词就是从这来的。他在书中描述了这样一个社会——空想的社会。在这个社会里，私人财产并不重要，民主才是首要的。很显然，莫尔对未来的发展非常乐观。但最终结果却并非如此。无论如何，在可预见的未来，私有财产不会被取消。

“1948 年，也是一个英国人，乔治·奥威尔写了《1984》这部小说。在这部小说中，一个独裁的国家采用了一套完备的监视系统对公民展开了控制。奥威尔是一个悲观主义者，但幸好他也没有言中。你要知道，当我们思考未来时，有两件事情我们不知道：第一，我们不知道技术会怎样继续发展。例如，我们可能会问，我们是否能够成功地建立起一个公正的社会，来为所有人提供平等的机会和发展机遇。第二，我们也可能会问，我们能否离开地球，在太空中四处遨游，也许在那里我们可以建立或者找到另外一个更公正的社会。

“至于第一个问题，我不认为有人会有答案。究竟什么是公正呢？我们对此达成一致意见了吗？作为人类，我们在同外星人接触的时候必须传达一个共同的信息吗？在电影中可能是这样。但是就我所见，在现实生活中，我们远非如此。对于第二个问题，也就是我们未来技术的可能性这个问题，我们还是更有希望找到一个统一的答案。不过，你已经知道我的意见了：要想在太空中旅行，我们还是太慢了。”

“也许速度也不是那么重要吧，”他回应说，“也许有一天，我们会在超级宇宙飞船里建立起整个人类殖民地，然后以比较缓慢的速度开始出发前往其他的星系去定居。已经有这样的实验了。在这些实验中，人们在和外界没有接触的人造生物圈中尝试生活。也许有一天，我们将会在拥有动植物的超级宇宙飞船里进行数百年、甚至是数千年的星际旅行，然后在太空建立殖民地。这是一定的。终有一天，我们别无选择，只能离开地球。因为太阳在膨胀而且变得越来越大。地球上会越来越热，海洋就会蒸发，最后地球会被阳光摧毁！最迟到那个时候，我们就不得不前往其他星球。这是很肯定的事。”

“太阳至少还会再存在五十亿年。”我说道，“你还很年轻——但你也没有年轻到需要担心这个问题。我能理解你。我明白，设想另外一个世界并思考那里可能会是什么样的，这是很有趣的。但是谁能知道，是否现实会变成我们想象中的那样。通常我们会把事情想象得比现实中更美好一些。我想说的是这个意思：我认为，你不应该太多地影响斯特拉和贝丽特的想象。她们应该能够自己去了解宇宙。她们心目中的宇宙和你所理解的宇宙是完全不一样的。她们的世界还是充满着神奇色彩而不是被技术掌控的。她们需要在某个时候自己去区分幻想和现实之间的差别。你明白我的意思吗？

“有时，我希望，我可以再次用斯特拉的眼光去看看宇宙。我甚至还想忘记我所知道的一切，而只是惊叹于星空的壮丽。这是非常美妙的事情，我们不应该把这些东西从她们身上夺走。让她们自己去寻找自己的星星，而不要把你的梦想强加到她们身上。我想说的就这些。每个人都有权利去拥有他自己的天空之梦。”

秋

东方太阳升，

南方太阳停，

西方太阳落，

北方太阳逝。

我突然想到，我忘了问斯文，斯特拉和贝丽特找到的字条是不是他的杰作。事实上，就这一点来说，我和斯文的通话很快就被证明是毫无用处的。在暑假快要结束时，斯特拉找到了另一张字条，上面写着："夜晚，它会沉寂。"所以整首诗连到一起就是："你的星星。清晨，它会升起。午时，它会接近。夜晚，它会沉寂。"

很久以前，我的祖母在路上曾经给我读过一首天文小诗。这些字条又让我想起了这首诗："东方太阳升，南方太阳停，西方太阳落，北方太阳逝。”正如这首小诗——现在，在我看来似乎很明显——斯特拉目前发现的三张字条里所指的星星除了太阳之外，并不存在其他可能。

一开始，让人有些迷惑的是字条上中间那行字：“午时，它会接近。”从天文学角度来看，这句话完全正确。在所有的星星中，太阳当然是离我们最近的，中午也是如此。现在，我之所以喜欢这个谜语还有另外一个原因：它说出了太阳的一个特征，而太阳这个特征的基本意义在今天常常被我们忽视，因为我们理所当然地认为：太阳是一颗星星。

这个看似简单的句子，其实代表了人类认知史上的一个巨大进步。毕竟，我们的祖先最初以为太阳的地位在其他星星之上，它是统治苍穹的神明。我们也必须承认，太阳是一颗星星这个事实并不是显而易见的。它在白天闪耀，而其他星星则在夜晚闪耀；它光芒万丈，而其他星星却光线微弱；它的存在似乎是唯一的，其他的星星却有成千上万；太阳会发生相对的位置移动，而其他星星则保持位置不变。

太阳是一颗星星，这一论断毫无疑问是理所当然的。为了真正理解这句话的意思，我们必须先了解一些有关的宇宙知识，特别是星星到底是什么——比如与行星、陨石或彗星相比有什么不同。而且我们必须放弃这样的念头：天空中的所有光源都是有灵魂的生物、神明或者是神话英雄。

那么什么是星星呢？对于这个问题首要的、也是最重要的答案是：星星自己会发光。太阳系中的所有行星和卫星如果不被太阳照射，都是黑暗不可见的。没有太阳，地球上就会是永恒的夜晚。当然是夜晚，但不是完全的黑暗，因为有星星。所有其他的星星仍然会一如既往地在天空中闪耀。

太阳光度产生于被物理学家称为核聚变的过程：在其内部氢原子融合为氦——大约五十亿年以来，这一过程一直在持续。在此过程中，释放的能量使氢气发光，所以太阳就像是没有固定底座的蜡烛火焰。它是由炙热的发光气体所组成的巨大球体，其他星星也是如此。因为离我们太远了，所以它们看起来就像是一个个微弱的小光点。

太阳是一颗星星，但并不是所有的星星都和它完全一样。有一些十分巨大的星星，它们要比太阳的体积大得多，但所储备的氢燃料很快就会燃烧殆尽。当然了，也有一些极其微小，从未真正发光的星星。有年轻和年老的星星，有永恒的和变化的星星，红超巨星和蓝离散星，也有中子星、双星和原始星，还有白色和褐色的矮星以及大质量星星的终点站——黑洞。

总而言之，我们应该感到欣慰的是，太阳是一颗体积不大、相当均匀的星星。在其他星星的附近可能就会令人感到非常不舒服了。因为它们的光线辐射是致命的，它们燃烧的持续时间也会很短。一些星星“只有”一亿年的发光时间。这个时间周期在地球上甚至不足以让微生物诞生。如果太阳现在开始熄灭，那么我们就真的是遇到大麻烦了。

但是在未来的四五十亿年里，我们的太阳肯定还是会继续闪耀。对人类来说，这所谓的遥远未来，并没有太多时间上的压力。顺便说一句，最近我问斯特拉，太阳为什么会发光，她不假思索地回答道：“因为现在是夏天。”

✡

暑假结束了，斯特拉参加了学校欢迎一年级新同学的戏剧表演。像所有其他的父母一样，我和我的妻子都非常期待在舞台上看到她。但是很不幸的是：我坐在一位像职业篮球运动员那样身材高大的父亲身后。我可以想象到自己在椅子上来回挪动的样子：站在小老鼠合唱团偏右侧的斯特拉完全被这位父亲的脑袋给遮挡住了。

这就像日食：如果我们用发光的太阳来代替斯特拉，用月亮来代替我前面这颗令人不悦的脑袋，那么我就身处所谓的可以看到日全食的区域。如果月亮移到地球和太阳之间，那么这个区域就是月亮在地球上投下阴影的地方。如果你作为观察者站在这个阴影中，那么日轮就会被月亮完全遮挡，这就是人们所说的日全食。

在地球表面上的月亮阴影直径不是特别大，大约有两百千米。1999 年，德国发生日食时，只有在巴伐利亚州的人们才能看到日全食。在柏林，人们只能看到太阳掠过月亮的情景——这就像在剧院看表演的我，只有当我向左或向右倾斜很远的时候才能看到斯特拉的一缕金色的头发。

我们可以预先精确地计算出日食的发生时间。同样，我们也可以回溯计算出以前的日食。太阳系是一个可以在电脑往前拨或者往后调的时钟。但是，要正确解释历史上的每次日食所代表的含义却是非常困难的。例如，福音新教的传教士宣称，在耶稣被钉上十字架的时候，天空变暗了。事实上，在公元 29 年，确实发生了一次日食，巴勒斯坦就是可以看到日全食的区域。这次日全食是否就意味着公元 29 年耶稣被钉在十字架上？还是说，这两个事件其实不过是事后被人精心编排到了一起，从而来突显事件的重要性？这确实很难说得清。

我的情况和真正的日食之间有一个让人非常不悦的区别。日食的整个过程只持续几分钟，之后月亮便完全释放了太阳，接着继续移动。而我面前的这颗脑袋就像是“斯特拉太阳”前面的一块纹丝不动的顽石。但是与现实中的地球不一样的是，我可以轻易地站起来，走出“月亮的阴影”。事实上，我也就是这样做的。我飞快地来到了一个可以站立的位置上。现在，我终于可以看到斯特拉了。如果我们错过了日食，还可以等待下一次。

但是在小老鼠合唱团的表演中，斯特拉只会唱一次。

✡

回到家时，我突然想到，我还有一个在 1999 年的日食中用于观察太阳的镜头专用膜。我把它固定在了斯特拉的双筒望远镜上。这样我们就可以很好地观察到悬挂在高空中的太阳，而不会让我们的眼睛受到伤害。透过这层薄膜，变成了乳白色的太阳就如同漂浮在炭灰色的天空中。斯特拉也很喜欢这种景象。但是突然间，她说望远镜是脏的，因为在太阳上会看到挥之不去的斑点。

“这些是日斑[①]，”我向她解释道，“它们不是在望远镜上，而是在太阳上。”

“太阳上的斑点？”她惊讶地补充道，“它们看起来很像是在奶酪蛋糕上爬来爬去的苍蝇。”

“太阳并不太像是个蛋糕，”我说道，“而更像是一口装满了沸水的大锅。只不过那上边并没有沸腾的水，取而代之的是炙热的气体。就像沸水中会产生出气泡并

① 即太阳黑子。

升腾到表面一样，就连太阳自己也会沸腾。你看到的黑斑并不是污垢或者别的什么物质。太阳上的这些地方比周围温度要低一些。而且因为太阳会围绕着它的轴线旋转二十五天，所以这些斑点每天都会向右移动一点点。由此我们可以看出来它们确实是属于太阳的一部分。我们不应该被斑点这个词所迷惑。提到斑点，我们通常联想到的东西都很小，比如飞溅在裤子上的油墨或者番茄酱。日斑其实很大，甚至可以说非常大。整个地球也不过只有一个平均大小的太阳斑那么大。想象一下，你通过双筒望远镜看到的黑点之一便是整个地球！对我们人类来说，地球是一颗巨大的星球，但是相对于太阳来说，它非常小。”

斯特拉在新学年学到的第一件事就是认时钟。但是，她很难理解表盘的意思。于是，在周六早上，我就对她说：“这样的表盘其实只不过是一张天空的临摹图，而时针则代表了太阳的运转。”

“那分针呢？”

“嗯，它就像是一个在太阳周围快速飞行的行星。确切来说，它每小时转动一圈。但我觉得，也许我们应该先来弄清楚这根指示太阳位置的时针。跟我来吧！”

我从工具棚拿了一根竹棍，然后把它插在了草坪上。竹棍投下了一条清晰的长影子。接着，我在影子的末端放了一块鹅卵石。“你看，”我对她说，“这就是一个钟表。竹棍的影子就是时针，这块鹅卵石就代表着太阳。”

“为什么这会是一个时钟呢？”她问道。

“等会儿你就明白了。太阳在移动，因此这个影子也会随着移动。你注意看，我们现在在定时钟上调好半个小时，当定时钟敲响的时候，你就在竹棍影子的末端放上一个小石头。过半小时，你再放一块大石头。如果你一整天都这样每隔半小时放上一块大石头小石头，那么今天晚上——就像变戏法一样——一个完美的表盘就会呈现在你眼前的草坪上！然后，我们只需要在石头上写上正确的数字，那么我们的时钟就做好啦。”

我们的实验起初进展非常顺利。斯特拉观察着阴影的不断变化，半个小时后，她就在草坪上放上一块小石头。又过了半个小时，她又放上了一块大石头。斯特拉给贝丽特打了个电话。不久之后，她就过来了。两个女孩一起在草坪上坐了一会儿，斯特拉向她的朋友解释了一下小棍子、影子和时钟之间的关系。

但是没过多久，她的热情便消失了。当她上床睡觉后，我又去了一趟花园，看了看她的太阳钟表盘。本来，经过这一天应该会在草坪上出现一个由大小卵石均匀交替而成的完美弧线。但现在，有些地方只有几块大的鹅卵石，有的地方却有许多小的鹅卵石堆挤在一起。我知道，这个太阳钟表盘反映的并非是对所有人而言都有效的客观时间，而是那些在斯特拉的脑海中流逝的时间。

因为天气一直不错，所以太阳钟在周二就完成了。我让斯特拉在周末的时候偶尔去一下花园，并在指针影子的顶部放置一块鹅卵石，这样我也算帮了她一点小忙。我还移开了斯特拉放错的石头。星期二三点钟的时候，斯特拉补齐了太阳钟表盘中的最后一块石头。于是，草坪上的大大小小的鹅卵石终于组成了美丽的圆弧。

她若有所思地看了看时钟，然后问我说："爸爸，你说，为什么一天有十二个小时，而不是十个小时啊？你看，我们有十根手指，而不是十二根。还有我们的脚趾也是十根。十个可比十二个好记多了。”

她说得很对：因为我们整个的数字系统都是以十进制为基础的——无论是烦琐的罗马数字，还是我们今天使用的阿拉伯数字都是如此。为什么偏偏时间的计算采用了十二进制为基础，这必定有它的缘由。

可能我们的时间划分并非像通常认为的那样源于巴比伦人，而是源于埃及人。而埃及人之所以把时间分为十二个时段，可能是因为与十不同，十二更具有天文学的意义：月球每年大致环绕地球转动十二次。

此外，相比于十，十二还有另一个优点：可以被二、三、四和六，四个数字整除——在这一点上，十二是十的两倍，因为十只能被二和五整除。而且，由于埃及人尚未掌握分数，所以这是一个非常实用的功能。因为这样一来，不仅半天，一天的三分之一或者四分之一也都能够以小时的形式表达出来。

再而言之，还有另外一个天文学中采用的数字系统也是以十二进制为基础更为合适。由于一年有 365 天，苏美尔人将一个圆圈分成了360个部分。太阳每天相对于其他星星的位置会移动大约一度。360有一个令人印象深刻的除数列表：2、3、4、5、6、8、9、10、12、15、18、20、24、30、36、40、45、60、72、90、120和180。这样一来，采用360计算的优势显而易见，因为它能被一系列数字整除。另外，360的十二分之一又恰恰符合一个月的长度。

最初，埃及人只是把夜晚划分为十二个时段，每个时段都会有一颗相应的星星冉冉升起。但是把白天划分为十二个时段却是非常困难的，因为在明亮的天空中没有东西可以用来作为标记。但是随着经验的积累，人们发现通过太阳的高度就可以很好地确定白天的时间。于是，在整个地中海地区，十二小时制便开始流行起来。

我对斯特拉说："我们的祖先发现十二非常重要，因为一年中大约有十二个满月。你知道，地球是一个在巨大的圈子上围绕着太阳运动的球体。如果每当满月的时候，你就在这个圆圈上做一个标记，一年之后，地球的轨道看起来就会像我手表的表盘一样。可以说，我的手表就是一个我一直随身携带的小太阳系。"

“那以前的人们究竟是怎么知道，地球是一个球的吗？他们那时候还没有飞向太空的飞机和火箭。”

我俯下了身子，指了指她的太阳钟指针投下的影子。“现在是三点半，”我接着说道，“影子相当长。中午的时候，影子就比较短。中午时候，所有的影子是最短的，因为那时候太阳升得最高。但是你要知道，如果你在南方，在意大利或者是在非洲，那里的中午影子比这里的还要短。越靠近赤道，影子就会越短。这是因为地球是一个圆球。”

厨房里有一个甜瓜。我把它拿到了花园里的桌子上，然后往上面插了三根火柴：一根插在顶部附近，另两个分别插在了下面一点和更下面的位置上。

“你看这个甜瓜，”我对斯特拉说，“上面是地球的北部，下面是地球的南部。正如你所看到的，在最北部的火柴，也就是这上面的，在甜瓜上的影子最长。稍微向南一点的，影子就短一些。而在最南部的这根火柴，我差不多把它插到了相当于甜瓜的赤道上，它几乎没有投下任何影子。你说得对，以前的人们没有飞机和火箭。但他们已经有了自己的想法和好奇心。而当他们注意到，在南方的影子总是比北方的更短一些时，他们便开始思考，这可能是出于什么原因，也许地球就像这里的这个甜瓜一样。你知道，今年秋季假期，我们在飞往加那利群岛之前要做什么吗？我们拿一根小棍子量一下它的影子长度。等我们到了那里之后，我们再做一遍同样的事情。加那利群岛比我们在这里更偏南部，因此那里的影子会更短一些。根据影子缩短的长度，我们甚至可以计算出地球的周长。一位名为埃拉托斯特尼的埃及人在两千多年以前就已经做过了这些事情。”

“是吗？没有飞机，那他们是怎么到达加那利群岛的？”

我不禁浮想联翩：我们生活在一个令人目不暇接的科技时代。我们就像以前的人们去拜访邻村一样环游世界。我们在德国吃早餐，在埃及吃午饭。但我们的好奇心会因此变得更加旺盛吗？这些影子的长度确凿地向我们透露了关于这个世界的基础信息，今天的我们是否依然会对它们产生浓厚的兴趣？又或者说，我们是不是仍然会坚持那些无法证明的陈腐世界观，那些不是出于好奇与观察而是基于恐惧与偏见的世界观?

✲

几周后，当我们坐在飞机上时，斯特拉开始翻阅她从机场的报刊商店里购买的那本儿童杂志。当然，这本杂志上不可避免地出现了星座专栏。这种事总是让我有点头疼。因为孩子们会很认真地对待这些杂志上的所有东西，所以人们应该尽可能地在里面少写些胡说八道的内容。但是这种事情显然是无法改变的。

然而，在这种情况下，新问题是正在读二年级的斯特拉现在已经可以读这种星座专栏了。谢天谢地，那些成行的文字对她来说还是太长了。所以，她还只是局限在，为我大声朗读黄道十二宫的星座名字。

从尊重事实的角度来看，人们必须承认，黄道十二宫其实是在人们对星星还不太了解的时候被创造出来的。当然了，那时候，人们如果能把那些成组的星星和熟悉的事物联系起来的话，那么根据星空来辨别方向就会变得更容易了。

无论如何，总是要这样描述的话还真的是件让人感觉很麻烦的事情：“如果天空中出现的星座的位置是三颗垂直的星星在右边，明亮的在中间，两颗黄色的分别在右边和左边的同样的位置，那么就是晚上九点钟。”但是，换个说法就方便多了：“如果天蝎座升起的话，那么就是晚上九点钟。”

令我们天文学家感到遗憾的是，古代的人们不仅利用星座来辨别时空方向，而且也把它们归为决定命运的力量。这本来是没有必要的，但是图像和雕像当时都是宗教崇拜的一般对象。因此，人们把在天空中见到的那些图像列入宗教仪式可能就是不可避免的。

一年里太阳在天空经过的区域被人们划分为黄道十二宫，这些星座的绝大多数代表都是动物。就像一天中按小时的划分方式一样。数字 12 的魅力在于，它与月球的运转周期紧密相关。人们可以为每个月指定一个星座。借助于这样一个体系（辅以几个切换规则），人们就可以从夜空中得知现在所处的月份。

但是随着时间的推移，天空中的景象就和地球上的情况变得不同步了。由于地轴进行的是一种摆锤运动，所以跟古代的宇宙条件相比，黄道十二宫就推迟了一个月。星座和月份就不再像巴比伦人在大约两千五百多年前断定的那样匹配了。这就意味着：今天的处女座呢，实际上是狮子座，把自己当蝎子座的那些人其实是属于天秤座，所有的白羊座都是双鱼座，等等。

斯特拉在她的读物中正好读到了处女座："贝丽特就是处女座，她最近刚跟我说过。但是我究竟是什么星座的呢？"

"水瓶座。"我说。

"水里的男人？"[①]她惊恐地重复道，"但我觉得这太荒唐了。我不是男人！而且我也不住在水里。我不想成为水里的男人！"

"什么星座这并不重要，我向你保证。这代表不了什么。"

尽管如此，她还是非常生气："这太糟糕了。贝丽特有一个这么好的星座，而我的星座却这么荒唐。真是糟透了！"

"嗯，"我说道，"那你想成为哪个星座？"

---

① 德语中的水瓶座 Wassermann 这个单词是由 Wasser（水）和 Mann（男人）组成的。

就像孩子们通常在专注地思考事情的时候所做的那样，她仰起了头。然后，她转过身，高兴地对我说：“空姐座！”

✲

作为一名天文学家，我有时候会被问到，我自己是如何看待占星术的。但是，我不得不说，对此我不想发表任何言论。当我们谈论这些东西的时候，就会抬高它们的身价。对于占星术来说，我真的不想这么做。从天文学的角度来说，占星术——也就是相信，从星星中可以解读出人的命运——完全是胡说八道。不仅从一个天文学家的角度来说是这样，从一位父亲的角度来看更是如此。

在世界历史上，有许多聪慧的人和一些卑劣的人都和斯特拉的生日在同一天。这种事情和她的命运有关并以某种方式决定着她的生活，这样的论断让身为父亲的我感到非常生气。因为作为父亲的我总是竭尽所能使她有一天能成为一个完全自主决定自己命运的人。而占星术声称能够说出一个人的本质，以便帮助他塑造生活，做出重大的抉择。那么，我便不会建议任何一个人去参与其中。

在没有见过斯特拉的情况下，某个人就能根据她的出生日期来推断出她的本质或性格。在作为父亲的我看来，这样的论断简直是十分无耻的。如果有人觉得，在素未谋面的情况下，他就可以从几个数字——通常比信用卡上的数字要少——来说明斯特拉的本质，那么只能说这个人神经有问题。我不知道作为父亲我还能怎么来看待这种事。

✲

在阳光明媚的日子里，在沙滩上建造太阳钟是孩子们乐此不疲的游戏！人们只需要注意的是，表盘不要被斜飞过来的皮球或者嬉戏的小狗破坏，走来走去的人们不会无意中踢到上面，突如其来的狂风不会把指针吹弯，没有小摊贩把他的冰激凌车停在了表盘上。还有，建造太阳钟的时候不要距离海水太近，否则最近的一次涨潮在两三个小时之后就会淹没、填平这个半成品。

除了这些事情之外，正如我所说的那样，这个游戏是世界上最简单的事情。我们只需要寻找一根被冲到岸边的小棍子和一些漂亮的贝壳。把棍子立在沙地上，每隔一小时就把一个贝壳放在影子的顶部。如果一切进展顺利的话，到了晚上，在沙滩上，就会奇迹般地形成一条美妙的贝壳弧线。如果一切按照我说的那样……

我花了四天时间，才在喧嚣的沙滩上为我的太阳钟项目找到了一处合适的位置。每隔一个小时我都要从我租的躺椅上爬起来，检查一下我的太阳钟是否还在那里，并放上一个新的贝壳。我的妻子觉得，我为了在海滩上建造太阳钟而把自己搞得太过紧张了。我们可是好不容易才出来度回假的。

“这是为斯特拉准备的！”我说。

“你确定吗？”

无可否认，虽然我知道实验的结果，但我真的很喜欢这样做。在我内心深处一个秘密的角落里隐藏着一个愿望，那就是为我周围所有惬意的日光消费者们上一堂小小的天文学课。

晚上，当那些贝壳在沙滩上完美地呈现出太阳钟的弧线时，斯特拉赞许地说：“真是太棒了，爸爸！”

我把卷尺贴在指针杆上，来测量中午贝壳的距离。在柏林，中午阴影的长度是 90 厘米。现在我测了一下只有 40 厘米，明显连一半都不到。我认为，这深刻地反映了一个事实，也就是：地球是个球体。

但是，谁能知道，这些让我们大人欣喜的东西在孩子们的眼中又是什么样子的呢？我们会对一个美丽的风景而感到欣喜，而他们的眼里却只有路边摊位上的冰激凌。在网球比赛中，我们会为一次成功的反手击球而欢呼雀跃，他们则会问我们，怎样才能成为场上的小球童。

斯特拉又一次赞许地喊道："太棒了，爸爸。"我认为，这之前她只是出于礼貌而在我的太阳钟前待了五秒钟。随后，她便又冲向了水里，并用脚把五点钟的那个贝壳踩进了细沙里。

晚餐前，我在公寓的露台上喝了一杯咖啡，并根据测量的指针长度的差值计算出了地球的周长。我计算出的结果是 39000 千米，只差了大约 1000 千米。我认为，这个结果还不错，因为我只用了一根小棍子、一个卷尺和几个简单的公式。

显然，我的实验还是给斯特拉留下了一些印象。晚上，我们在餐厅的自助餐台前转了一圈，然后开始吃东西之后，她突然对我说："爸爸，如果地球真的是圆的而且会自己转的话，那我们为什么会感觉不到呢？在旋转木马上，我们就可以感觉到它转了没有。"

我点了点头说："这是一个很好的问题。但你必须明白，地球是一个非常、非常大的旋转木马，一个真的是非常巨大的旋转木马。所以，它不会像集市上的旋转木马那样摇晃着发出叮叮当当、啪嗒啪嗒的声音。事实上，你感觉不到运动，而只感觉到运动带来的变化！"

她对此并不理解，说："但是当我在车里的时候，我就能感觉到车动了没有。"

我摇了摇头说："其实不是这么回事。你只会感觉到它是在加速、刹车或是转弯。每当汽车的运动发生变化时，你就会有感觉。但纯粹的运动你是感觉不到的。这是伽利略发现的重要物理原理。刚开始，我们会觉得这个原理有点奇怪，但实际上它是非常合乎逻辑的。如果你坐在火车上的餐车里吃东西，那么你盘子里香肠就不会飞出来。只要火车是在笔直地行进，就不会发生什么事。如果你拉上窗帘并且堵住你的耳朵，你就无法知道，火车是停止还是在行进——不管怎样都不会，如果这是一辆性能很好、在静静行驶的火车。可以这么说，地球表面就是一辆巨大而又安静的火车。由于地球的转动，赤道上的人每天会移动40000千米，但却没有丝毫的感觉。24小时40000千米！这几乎是每小时1700千米，每分钟28千米，或者说是每秒500米！我们在以这么快的速度转动着。从现在起……”我吸了一口气，“……到现在，我们所有人一起已经飞过了几百米。但是因为这个过程十分安静，而且速度很均匀，我们周围的一切——我们面前的盘子、风景、海洋——移动速度都一样快，所以我们丝毫感觉不到这一点。”

她想了想说：“但是，如果地球就像一个球一样在空中旋转的话，那么肯定会有风的。”

“不，不是这样的，”我回应道，“因为地球不是在空中旋转，而是空气随着地球一起旋转。可以说，空气就黏在了地球上。如果你在行驶中的火车上坐着，你也感觉不到风，虽然其实在火车上是有空气的。只有当你打开窗户时，风才会吹到你的脸上——从外面。但是在地球外面没有空气。地球和空气一起在宇宙真空中旋转。可以说，真空什么都不是——既不是空气，也不是地球、灰尘或沙子之类的东西。它就像一个没有任何东西的空房间。当你从地球飞入太空时，最终会没有空气，在大气层上没有风、云和雨。这就是为什么宇航员必须穿着厚厚的宇航服并且携带着呼吸氧气罐。”

如果真空并非什么都不是，而是比如像空气一样的东西，那么地球的转动早就会被对向的气流阻止了。地球在宇宙中运行的速度是非常快的。每年地球都要在围绕着太阳的轨道上转动 10 亿千米。这就意味着，地球(我们和它一起）以这样的速度在空旷的宇宙中每秒钟运行 30 千米！相比之下，地球每秒 500 米的自转速度可以说是微不足道的。

400 年前，罗马人无法想象，所有的一切——城市的七座山丘、台伯河、圣彼得大教堂——都会以每秒 30 千米的速度在宇宙中穿行。(我们在呼吸之间就走完了这样长的一段路程。这样的想法确实是相当惊人的。)因此教皇的学者当中没有人相信地球会这样运动——就像哥白尼和伽利略所断言的那样。教会奉行的教条是，地球是在宇宙中心静止不动的。因为这种静止确实符合日常生活中得出的经验。所以，1616年，教皇保罗五世颁发了一道圣谕，明令禁止传播地球围绕着太阳运动的学说。1632年，伽利略出版了他的著作《关于两种世界体系的对话》。随后，他便被指控为异端并被判处了终身监禁。此外，他还在1633年6月22日被迫公开放弃自己的学说。伽利略于1642年去世。直到与世长辞350年后的1992年，他才被教皇若望·保禄二世彻底恢复名誉。

后来，有一句与之相关的话变得十分出名，通常人们都认为这句话出自伽利略之口。在教会强迫他宣布放弃自己的天文学理论后，他应该是自言自语地说了一句："Eppur si muove。"他说的是："它确实在转动啊。"他口中的它指的当然是地球！但没有人能证明这个故事的真实性，而且在今天来看这更加值得怀疑了。

斯特拉喊道："你们看，我做了一个钟！"她用抹酱的饼干和两根炸薯条把她的盘子变成了一个表盘。"现在七点了！"

两根炸薯条中较短的那根指的是七，较长的那根指向了十二。两个星期以来，我一直尝试着教会她如何读钟，但总是不见成效。而现在，很显然她不需要过多的解释就能理解一个钟点到另一个钟点的变化了。她自己似乎也感到很惊讶。然后，她便乐此不疲地把一个时间拨动到另外一个时间。有时候，这与我们对地球的看法是一致的。我们认为它不动，但这种认为是错误的。

晚饭后，我们再次去了海滩那里，我们在水中蹚来蹚去。斯特拉眺望着大海远处的地平线问道："如果我们坐着船一直向前开的话，那么我们究竟会到哪里呢？"

"会到美国。"我说。

"如果走得更远呢？"

"会到日本。"

"那要是更远呢？"

"最终，在经过印度——绕过非洲之后，我们就还是会回到这里。"

"因为地球是圆的？"

"对，是这样的。"

她想了一下问："如果我坐着火箭飞向天空呢？那我会飞到哪里？"

“首先会到月球。”

“如果我再往前飞呢？”

“到那些行星那里。”

“那之后呢？”

“也许会飞到你的星星那儿。”

“如果我还要飞得更远呢？”

“这一点我们天文学家也不是那么确定，”我边说边用手指向了大海，“你看到那边的地平线了吗？它看起来就像是天空和大海之间的一条线。有人可能会认为，那是一条边界或者那里是大海的终点。但是，那里并不是它的终点。宇宙可能也是这样的。在宇宙中也有一条地平线。虽然我们无法像看到地球上的地平线一样看到它，但它确实存在。因为来自宇宙中的光线到达我们这里需要很长的时间。上千年，数百万年，甚至数十亿年。但是我们知道的宇宙年龄不超过140亿年。这是一段令人难以想象的漫长的时间，但并不是无限长的。因此，并非宇宙中存在的所有光线都会到达我们这里。

“如果光线来自一个非常遥远的地方，那么它可能还没有到达我们这里。这就像信件一样，以前只有信件，没有电话，我们就不会知道，另一个国家正在发生什么事情。我们必须等到收到那里来的邮件才行。光线就是宇宙的邮件。这是一个非常快速的邮件，但它也需要时间。宇宙的年龄不超过140亿年，因此我们不会知道，距离我们超过140亿光年的更远的某地发生的事。自从宇宙形成以来，那里的光线还无法到达我们这里。它一直都在路上。可以观测到的宇宙地平线距离我们大约140亿光年。我们不知道，未来我们通过火箭会在那后边发现什么东西。也许看起来就像这里，有许多星星和行星。因为我们天文学家认为，无论你身在何处，宇宙看起来都是一样的。如果没有天气和白天的时间变化，大海在地球上的每个点看起来都是一样的。”

“但是如果我继续飞得更远，越来越远，一直不停下，那么宇宙是不是也永远不会停止？”

“地球也永远不会停止，”我说道，“我们在地球上前行的时候，总是会看到地平线，却永远无法到达那里。它离我们总是那么远，地球处处看起来都像是一个平坦的圆盘。我们走啊走啊，然后我们突然发现自己又回到了刚开始出发的地方。这本来是件很奇怪的事。但是如果我们知道地球的形状，那么就很容易理解了。我们只是绕着地球走了一圈！你要知道，在太空中可能也是这样的：我们飞啊飞，却永远到达不了地平线那里。无论我们走到哪里，宇宙看起来都是一样的。然后，虽然我们是笔直地向前飞行，我们会突然发现又回到了我们启程的地方。这很奇怪，但也无非像是在地球上一样。这其实向我们透露出了有关宇宙形状的信息。从更高的维度来看，宇宙肯定也像个地球仪一样，但是这一点你做个了解就好。不管怎么说，我们现在无法确定宇宙真正的形状到底是什么样子。在很久以前，人们就通过相当简单的方式和逻辑思维证明了地球是个球体——如今我们两个人通过我们的太阳钟也再次验证了这一点。但不幸的是，针对宇宙来说，这并不那么容易。但是我相信，宇宙是没有终点的。毕竟，地球也并不像人们之前所相信的那样是一个会从上面掉下的圆盘。”

“但为什么宇宙会这么大啊？如果它小一点的话，也许我就可以飞到我的星星那里了。”她伤心地说道。

“是的，那就好了。但我没法告诉你，它为什么这么大。这一点我也不喜欢。我只知道，很久以前它非常小，极其微小。所有我们能看到的东西：大海、行星、星星，简直是所有的事物都能装进这个小球里面。整个宇宙比鸡蛋还要小——而且要小得多。它太小了，甚至于一个鸡蛋里面能容纳下许多、许多的宇宙，多得不可思议。”

“大海怎么能装到一个鸡蛋里呢，爸爸？”她难以置信地摇了摇头，“你怎么会知道，宇宙曾经这么小呢？”

“我承认，这听起来确实有些离奇，但这是事实。我们天文学家可以通过观察星星看出这一点。当人们瞭望天空时，人们会认为星星总是在同一个位置。但通过大型望远镜人们可以看到它们在慢慢地移动。它们飞过宇宙并且远离我们。它们和我们的距离越来越远！——看着，现在我们来拍摄一部宇宙的电影。”

我打开了随身携带的摄像机，并把显示屏掀了出来。然后我让斯特拉把手伸进沙里，用手做一个沙球。当她这样做的时候，我开始录像并对她说：“我们数到三，然后把沙子扔得尽可能高。”

这是她喜欢做的事。在我们数到三时，她把双臂举向了空中，双手打开，然后把沙子抛向了高处。微小的沙粒在夕阳中闪闪发光，并在她的头顶上形成了一片沙云，片刻之间便消失得无影无踪了。

“你捏的那个沙球，”在放录像的时候，我对她说道，“就是很久以前的宇宙，当时它只有鸡蛋一样大小。沙粒就是星星和行星。而现在，你看，你张开双手之后，所有的星星都分开了，宇宙就变成了你头顶上一片发光的云彩。这就是今天的情形。地球就是沙粒中的一颗。当我们晚上抬头仰望天空时，我们所看到的就是这片云的一小部分，我们就在其中。只是云彩的移动速度要比电影中慢得多。它移动如此缓慢，以至于我们认为它是静止不动的。这就像我们在观察一张永远不会改变的照片一样。但事实上，我们在晚上看到的不是一张照片，而是一部播放得非常非常缓慢的电影。在这部电影中，宇宙正在分离，就像你头顶的沙云一样。现在看看，如果我们让电影倒放的话会发生什么。”

我将摄像机切换到了倒放模式。现在，画面里的斯特拉就像一个小小的魔术师一样。她站在沙滩上，慢慢地举起胳膊，抓住了头顶上闪闪发光的沙云，然后在手里施了魔法，把它变成了一个紧密的沙球。我们很喜欢这样的播放顺序，所以我忍不住反复播放了四五次。

然后我对斯特拉说：“你看，我们天文学家就是这样做的。我们通过望远镜观察到星星分散了。于是，我们就问自己，如果我们把电影倒放，那看起来究竟会是怎么样的。正是通过这种方式，我们发现，在很久以前，所有星星都一定像你手里的沙粒一样挤在一个小球里面。你把所有沙粒抛向空中的那一刻，我们天文学家称之为大爆炸。从那时起，宇宙就像个一直被人充气的气球一样不断膨胀。”

“哦，”她说，“那么说不准它什么时候就会爆炸啊。”

“那好吧，宇宙并不是一个真正的气球。我们可以把宇宙设想成一个有许多小点的气球，但它永远不会爆炸。一开始，气球上所有的小点都紧密地挨在一起，但是当我们把它吹起来时，它就变得越来越大，橡胶上的小点之间的距离也会变得越来越大。就像这些小点一样，宇宙中的星星距离我们也越来越远——这种变化可能是永恒的。但是这个问题我们现在还不确定，因为就像在气球中一样，在宇宙中也有一种想要把宇宙黏在一起的力量。

“在气球中，这种力量是橡胶的张力，在宇宙中就是星星间的吸引力——它们被称为引力。但问题是，最终哪种力量更强：是使星星彼此分散的爆炸力，还是引力的胶合力，这种胶合力可能会把它们重新拉回到最初的球里。如果爆炸力不是足够大的话，那么空气就会在某个时候脱离我们的气球。气球就会变得越来越小，那么就像我们的视频录像一样，整个宇宙大爆炸这部电影就会回放。庞大的宇宙就会再次收缩成一个极小的点，也可能会再次分离——就像一株植物，绽放，枯萎，又再次绽放。但如果爆炸力大于引力，那么宇宙就会不断扩张。然后星星之间的距离就会变得越来越大，宇宙就会变得越来越黑暗，因为即使是太阳也会最终停止发光了。”我边说边指向远处的地平线，伴着余晖，太阳正在地平线上缓缓落下，“听候命令：上床睡觉！”

天黑的时候，我在公寓的露台上思考着宇宙的命运。在所有的宗教里都有关于世界末日的猜想，通常是一位神明——如果真到了这种时候的话——他以某种方式挽救了一切。但是与也许会展现出仁慈之心的神明不同，大自然完全不会顾及我们的感受。

所以，现在所有的天文数据都暗示着宇宙并非是在一个生长与消亡的漫长循环中不断更新的，而是会在永恒的扩张中逐渐熄灭和冷却，并最终消亡。但是这些我们真的还无法确定。现在只有一点是肯定的：地球和太阳至少将会在很长一段时间之后不复存在。

✲

但并非所有的天文现象都具有如此重大的意义，而且也并非所有的天文现象都像大爆炸一样距离我们的日常生活如此遥远。第二天，当我们躺在沙滩上时，我们就发现，我们的防晒霜都快用完了。我们需要一瓶新的。

“究竟什么是光线……保护……指数？”斯特拉在努力辨识着标签，“为什么我们要防晒呢？”

“沙滩上的有些光线是对皮肤有害的，比如紫外线。”我说道。

“这些光线是从哪里来的呢？”

“来自太阳。阳光是由许多单个的颜色混合而成的。在彩虹中可以看出这一点。我们感觉光线中红色的部分是温暖的，蓝色的部分温度应该更低一些。但也许你还记得，我曾经跟你讲过星星的颜色。如果是蓝色的，它们的温度就会很高。如果是红色的，它们的温度就会比较低。因为事实上，蓝光比红光拥有更多的能量。紫光甚至比蓝光拥有的能量更多。UV 这两个字母是一个缩写，代表紫外线。大致的意思是，除了紫色以外的光线。因为还存在一些我们无法看到的光线。彩虹中的辐射不止有紫色的，我们认为彩虹只有那几种颜色，那是因为我们的眼睛看不到其他的颜色。但我们的皮肤会感觉到紫外线的辐射。在海边，这种辐射更加强烈，我们的皮肤也因此会被灼伤。我们必须保护自己免受这种光线的辐射。”

斯特拉接过瓶子，边往手上挤了一点防晒霜，边对我说：“居然还有我们无法看到的光，这可真是够奇怪的。”

我明白她对此感到很惊异，但事实上，甚至可以说，来自太阳的绝大部分辐射我们都是看不到的。我们的眼睛在进化过程中已经适应了太阳辐射光谱中的一小部分。某些动物比如蜜蜂，它们在寻找花朵时需要具备良好的颜色识别能力，所以可以看到紫外线范围的光线——一种没有为我们的祖先提供决定性的生存优势的能力。

但如今的情况可能有所不同：如果我们在享受日光浴时，也能看到我们承受着高强度的紫外线的话，那么我们可能就会在这方面更加谨慎一些。我们就会看到地球大气层中保护我们免受过多紫外线辐射的臭氧层有多厚。也许我们早就会减少对损害臭氧层的温室气体的使用。

无论如何，我们都不应该拿地球大气层来做实验。因为没有大气层的保护，就没有我们的存在。宇宙中的伦琴射线、伽马射线和粒子束将会毫无阻碍地到达地球表面，并会立马破坏每一个生物组织。也许在深海中会有生命形成，并在那里幸存，但是大陆会像创世第一天那样布满岩石，荒凉而又空旷。

假期里，我们在加那利群岛上总是能睡到自然醒。而贝丽特却因为她妈妈在7点钟要上班，所以也总在那个时间被叫醒。秋天的白天也变得越来越短了。有一天，她在黎明的晨曦中发现了金星。她当场就决定（并向所有人宣布），这就是她的星星。

随后的第二天，贝丽特便在房间里又发现了一张字条，上面写着："因为Clou就是你的星星。"她的诗的内容现在就是："南方不必寻。东，西，北——完全不可能。因为Clou就是你的星星。"当她在我们度假回来把字条给我看时，我完全不明白这是什么意思，因为根本就不存在一颗名叫Clou的星星。

而且更麻烦的问题是，斯特拉现在认为，她在寻找幸运星的比赛中最终失败了。这使她深受打击。我意识到必须赶紧做些什么，来让她和贝丽特能够快速而且和睦地各自找到她们的星星。斯文谜一样的诗根本就帮不到我的忙。

我对斯特拉说："贝丽特并没有找到自己的星星，她发现的是金星。一年前，你不是也犯过这个错误？金星是颗行星。"

"不，"斯特拉沮丧地说，"我是在晚上看到的那颗星星。你说过的，贝丽特的星星是早晨的星星，这是她的爸爸告诉她的。"

二

从什么时候开始，贝丽特的爸爸就自以为是地把自己当成一个天文学的专家了？对此，我是有点生气的，但我没有表达出我的这种想法，因为错误是很容易澄清的。

“晚上和早晨的星星是同一个天体，”我对斯特拉说，“它们两个指的都是金星。它是一颗行星，而且它是运动的。作为晚上的星星，它出现在太阳的左面。而作为早晨的星星它会出现在太阳的右面。你必须去找贝丽特并且告诉她，她是错的。问题在于金星不是一颗恒星，而是一颗行星。”

此外非常有趣的是，金星和地球有很多的共同点：两者大小几乎相同，有相邻的轨道，密集的大气层，固体的表面和大致相同的化学成分。尽管如此，它们的发展道路却大相径庭。地球在形成之后便逐渐冷却下来，所以在表面能够形成海洋，并在那里诞生了最初的生命形式。而直到今天，金星的大气层仍然炙热沸腾。

总体来看，金星是个很好的例子，它说明了在行星的形成过程中有一些事情可能未必会成功。因为无论它多么美丽，那里也不可能是一个可以孕育生命的世界。金星赤道的温度高达 460 摄氏度。这使它成为太阳系中所有行星中的最热纪录保持者。这其中的原因是它的大气层中96.5%的成分都是温室气体二氧化碳。

火星在温室效应方面所缺少的东西，金星却在一定程度上拥有过多。似乎只有在地球上，大气层的二氧化碳浓度才达到了一个合适的值。因为如果完全没有二氧化碳的话，地球上的天气就会冷得让人难以忍受。在最近的一次冰河时期，地球大气层中的二氧化碳含量只有今天的一半。很明显，关键在于二氧化碳的含量。在火星上，二氧化碳的含量太低了，所以经过短暂的温暖期之后，它就陷入了永恒的冬眠之中。而在金星上，二氧化碳的含量实在太高了，它的大气层不具备能为其提供某种制冷方式的阀门。为什么这里会这样，那里却是另一个样子？这我们也不知道。我们同样也不太清楚，我们应该使出多少力气来转动地球上的二氧化碳螺杆，才可以使系统避免发生不可修复的损坏。也许，我们可以从火星和金星的例子中学到一些东西。

在大多数的神话中，金星都是女性形象。作为一位女神，她代表了美丽、优雅和丰饶多产。它那银色的光芒要么在黄昏时分，要么在黎明中闪耀。因为我们通常认为日落是美丽和浪漫的，所以日落与像一颗闪闪发光的钻石一样的金星都是非常特别的。

把金星和多产联系到一起还有另外一个原因：地球和金星的公转周期之间的关系导致了人们在地球上的早晚天空中平均约有 260 天可以看到金星。然后，它会沉寂一段时间。这个周期差不多恰好符合怀孕的周期。如果在受孕期间看到金星的话，那么它就会作为一种天体现象陪伴着一个女人的整个怀孕期，直至孩子分娩。

这种时间上的一致性展现的是一种巨大的心理力量，这一点在神话当中得到了反映。然而，作为象征多产的女神，金星却扮演了一个悲惨的角色，因为在它的表面上从未孕育出生命的种子。她美丽的银色光芒要归功于一件由致命的硫酸云组成的无缝披肩。但这也是一个非常古老的神话主题——致命的美丽。

二氧化碳把金星变成了一个温度过高的温室。就像地球和火星一样，这些二氧化碳主要来源于火山爆发。由岩石组成的大多数天体内部都是非常炙热的，这些热量会涌向上方。某一时刻，压力就会过大，表面开裂，气体和熔岩在上升过程中有时会爆炸，有时会冒烟，有时会熔岩流淌。

太阳系中最大的火山就位于火星上。它的名字是奥林匹斯山，高度为 26 千米，底部直径为 600 千米。如果在地球上，这样一座巨大的山体将会在自身的重量下倒塌，但在引力较小的火星上，火山的重量也就比较轻。

地球上海拔最高的火山是夏威夷群岛。此外，如果人们把它的海底基座计算在内，它的总高度有 9 千米——与火星上的奥林匹斯火山确实无法相比，但在行星系统中已经算是很显著的了。与之大小相当的是金星上最高的火山，它的名字玛特山是按照埃及女神玛特的名字命名的。

总的来说，在太阳系的所有行星中，金星是火山多样性最丰富的星球。一些奇怪的岩层被称为蜱虫火山，因为它们看起来像是爬行在火星表面上的巨大蜱虫。其他一些圆形且非常平坦的熔岩煎饼被命名为煎饼火山。

太阳系中火山活动最活跃的天体不是行星，而是木星的卫星伊娥（木卫一）。因为它的直径比火星小得多，只有 3600 千米，所以那里的岩浆喷泉可以喷射到 300 千米的高空。因为强大的引力作用，巨大的木星的卫星伊娥就会像一个面包团一样被揉搓。每个地方都会产生裂缝和细孔，热熔岩就会从这些地方向上喷射，这样伊娥的表面就会不断地改变。

但是，不仅存在热火山，还有冰冷的火山——被称作冰火山。人们是在海王星的卫星特里同（海卫一）上首次发现它的。在远离太阳的这颗天体上，气温达到了零下 240 摄氏度。这种极度寒冷的气温条件致使氮气或甲烷首先变为液体并最终凝固。如果那里的气温由于内部热量增加或太阳辐射变暖而升高的话，那么这些物质就会持续不断地像火山喷发似的涌向表面。现在，人们猜测冥王星的伴星喀戎[①]和土星的卫星恩克拉多斯(土卫二）上也会出现这样的冰火山现象——水和冰喷泉会变成一个闪闪发光的明亮雪球。

但它并不适合成为未来冬季运动的乐园。因为它的直径只有 500 千米，这么小的体积会使我们在那里的体重还不到现在体重的百分之一。这意味着，作为滑雪

---

① 喀戎与冥王星组成双矮行星系统，曾被认为是冥王星的卫星，因此也叫冥卫一（2006 年在布拉格召开的国际天文学联合会会议上与冥王星同时被降级为矮行星）。

者，我们在恩克拉多斯火山的斜面上时必须拥有足够的耐心。在那里，滑雪世界杯的每场比赛不是进行一分半钟，而是会持续几个小时。在弹跳时，滑雪者必须时刻注意不能向宇宙里滑翔得太高，否则他将会把跳板下的这颗小卫星永远抛到身后。

顺便说一下，在斯特拉和贝丽特之间的友谊中似乎也存在一种火山机制。她们可以像最平静、最温柔的生物一样长时间地在一起玩耍。突然之间，她们又会爆发最激烈的争吵。不幸的是，她们之间由于星星的问题而引起的争吵就像熔岩爆发一样愈加激烈起来。这样一来，我不得不找贝丽特谈谈。我得让她相信：金星不是一颗星星。此外，作为行星，金星虽然外表华丽，但却拥有许多不太友善的特性。

当我想和贝丽特谈一下金星时，她却拉长了脸。她可能以为我只不过是想帮斯特拉。我带着她和斯特拉一起走进厨房，往锅里倒了一些盐和浅浅的一层水，并把锅放到了炉灶上。

“宇宙中处处都有水，”我说道，“水是太阳系中最常见的物质之一。火星上曾经有结冰了的河流和湖泊。土星环是由冰组成的，其中包含的水量是地球上海洋总水量的10倍，甚至20倍。彗星是冰和灰尘的混合物，木星的卫星伽倪墨得斯（木卫三）被几百千米厚的冰层包围，小巧可爱的土星卫星恩克拉多斯（土卫二）表面也被一层又一层的雪粒覆盖。是的，也许——但这还只是个猜想——甚至在干燥的月球上，在极点的深层火山口也可能会有彗星撞击遗留下的冰块。这也是可能的。”

这时，锅中的水逐渐开始沸腾，我让贝丽特和斯特拉注意观察。我继续说道：“你们注意到了吗？金星总是位于太阳的附近。那是因为它和地球一样都离太阳不太远，而且它的大气层非常稠密，所以金星上总是非常热，就像在沙漠里一样，只是要热得多，就像蜡烛的火焰一样热。你们知道，如果某个地方非常热的话，会发生什么吗？所有的水都会蒸发。如果我们的地球像金星一样热的话，那么海洋里的水很快就会开始沸腾。海水含有非常多可以食用的盐。与水相反，盐不会蒸发，而会遗留下来。如果所有的水都蒸发了，那么海底就形成了一个丑陋的白色外壳——你们看，这里已经能看出来了，这些水最后还会冒一些泡沫，然后我们就会看到只剩下一个结了一层表皮而又炽热干燥的锅底，但我们最好不要碰它。因为我们一旦触碰到它，我们就会像这里的水滴一样。”

我往干热的锅底滴了一勺水。伴随着短暂的令人不愉快的嗞嗞声，水滴很快就蒸发了。

“这就是金星上的情况。因为金星离太阳很近，所以虽然它可以发出明亮而耀眼的光芒，但是正如你们所看到的，很不幸的是，对于我们来说，金星的环境是相当不舒服的。太阳系处处都有生命必需的水源，也可这么说，我们可以在任何地方煮汤——唯独金星除外。可怕的是，在金星上我们会渴死。它暂时还是一个炎热的沙漠，那里并不适宜人类居住。”

贝丽特固执地看着锅里，但是她的语气中流露出内心的迟疑不决:“你是怎么知道这些的？你去过那里吗？”

“没有，”我说，“但是有很多金星的照片。在照片上我们可以看到，金星纯粹就是一片沙漠。在网上也很容易找到这种照片。如果你愿意的话，我们可以找几张看看。”

“我无所谓。”她边说边和斯特拉一起闷闷不乐地离开厨房。但我很高兴，我这场小小的演示应该达到了预期的效果。

✲

为什么金星上没有孕育出生命？其实，这对我们天文学家来说是一个谜。在许多方面如此相像的两个行星，比如地球和金星，它们的发展为何会如此不同？这难道不恰恰证明了，宇宙中生命的诞生是多么的令人难以置信，各种各样的因素和偶然事件之间有多么强大的联系，而它们能最终成功地作用到一起或许本身就是极其罕见的？

但我们天文学家是乐观主义者。我想，大多数的天文学家都认为我们并不是宇宙中唯一的生命体，即使现在没有人可以真正确定这一点。但有一点我们是能够确定的，那就是宇宙中曾经成功地孕育出了生命。所有其他的思考或多或少都有推测的成分，但这并没有否定，在其他类似太阳系的星系里也存在和四十五亿年前的原始地球非常相像的行星。更复杂的问题是：在起始条件完全相同的第二个地球上也会孕育出生命吗？

从科学的角度来看，生命是非常复杂的分子之间的相互作用。就我们目前的研究来看，这些分子包含了数以亿计的基本粒子。但我们还无法理解的是，它们是如何在没有外部干预的情况下，自己组成了具有再生能力的生物体。

也许进化的过程必须要有一次巨大的巧合。特定的物理和化学条件同时发生作用，这种概率如此之低，以至于这种情况在宇宙中很难再出现第二次。我们不能排除这一点。如果是这样的话，那么地球就以某种方式重新成为宇宙的中心，因为只有地球上有生命的存在，其他地方都不会有。我认为，这正是令大多数科学家困扰的事情。相信我们在宇宙中的唯一性就像是重新陷入了过去陈旧的世界观当中。

如果我们假设存在外星人，那么第二个问题就是：有多少呢？比如，每个星系都可能有一个智能物种。毕竟，这就意味着宇宙中有千亿种智慧的生命形式，数量非常多——但是我们根本就没有任何机会去了解这些文明。为了与其他星系实现沟通，我们需要强度非常巨大的信号发射器。即使我们拥有了这样神奇的星系际无线电设备，沟通仍将是非常缓慢的。由于距离很远，这将会持续数百万年甚至更长时间，然后我们才能从遥远的生物那里获得曾经提出的问题的答案。我们可以问些什么，除了“你们在那里吗”，然后呢？也许我们发送我们的问题时，他们在那里，但是当这些问题到达他们那里时，可能他们已经不存在了。或者当他们的答案到达地球时，我们早已不存在了。

文明的寿命这个问题是至关重要的。即使在同一个星系里存在着许多有生物居住的行星，也可能他们从来都无法了解彼此的文明，所以他们在不断地相互错过。比如某个文明能够实现星系间的交流了，但另外一个还远远没有准备好；当第二个迈入通信时代时，第一个很可能已经沉寂了。

几十年来，人们都在通过 SETI（搜索地外文明）这项实验计划寻找外星文明的信号，但是迄今为止还没有任何发现。这是否意味着作为物种，我们在我们的周边环境中目前是孤独的（或者甚至可以说，我们在宇宙中的存在是独一无二的），还是我们寻找得还不够彻底——没有人能确定这一点。但我确信，这种寻找无论如何都会继续进行下去，因为没有人愿意独处——即使文明也是如此。

✫

斯特拉和贝丽特之间的纠纷并没有持续很长时间。她们宣布金星和所有的行星都是中立地带，她们不想再为此而相互争吵。此外，她们对寻找星星的兴趣逐渐减退了，因为另一颗星星——日历上的那一颗出现在了她们的视野中：圣诞节。商店的架子上摆满了姜糖饼和圣诞果脯蛋糕。斯特拉天天计算着离圣诞节还有几周几天，仿佛秋季纯粹就是一个漫长的基督降临节。

因为她问过我，所以有一次我对她说："离圣诞节还有九周。你知道的，一周有七天。那么你算算，我们还需等几天才能等到圣诞老人的到来？"

她把手指放在嘴唇上，过了一会儿说："六十三天？"

"没错！"我高兴地大声说道，"完全正确！"

然后她说："如果一周有五天的话，那么时间就会过得更快。那么就只有四十五天了。”

“嗯，单从数学角度来说这是对的。但在现实生活中，圣诞节当然不会来得更快，因为我们只是改变了一周的长度。永远都还有六十三天。”

“为什么一周本来有七天呢？”她问道，“七算起来要比五难。”

“《圣经》里是这样说的，这就是为什么我们直到今天还沿袭了这种说法。然而，七天当作一周的算法比《圣经》的出现更古老。古代的时候，人们认识天空中移动的七个发光的天体：太阳、月亮及水星、金星、火星、木星及土星这五颗行星。他们把这七个发光的天体当作七个神，然后把每一天分别献给一个神。因此，直到今天，我们一周当中的每天都有神或者是天体的名字。比如：星期天就是这样命名的，因为它曾经是献给太阳神的；星期一被献给了月亮；星期二在法语中叫作Mardi，火星日；星期三（Mercredi），水星日；星期四(Jeudi)，木星日；星期五不是因为我们在那天休息——事实上我们也不休息[1]——而是因为它被献给了北欧女

[1] 德语中星期五为Freitag，而freihaben在德语中有休息的意思。

神弗丽嘉（Frigg），象征美丽和多产的女神，也就是金星，因此星期五在法语中叫作 Vendredi，金星日；对于星期六来说，我们就要到英语世界中去转一转，因为星期六在英语中叫作 Saturday，土星日。过来，我给你看点东西。”我走到书桌旁拿起一张纸，“每个星期的七天不仅是按照星星来命名的，而且七天的顺序也是根据天文学确定的。对于这一点，我们要知道，以前的人们曾经认为，地球是宇宙的中心。如果我们列出一张由地球替代太阳的各行星沿着轨道转动的周期列表，就会得出下列的顺序：最快的是月亮，它的转动需要一个月，这你已经知道了。然后水星大致需要三个月，接下来是金星需要大致七个月。下一个就是地球位置上的太阳，从逻辑上准确地说，它转动一圈需要一年。火星转动一圈大约需要两年。木星大约需要十二年。最后是土星，它需要近三十年来完成一圈的转动。现在我们这样做：我们把我们的列表移到一个圆圈上。”我在那张纸上画了一个圆圈，然后开始标注，“我们在最上面为月亮画了一条线，它的右面是水星，然后是金星，等等。最后这整个看起来就像一个钟表的表盘，不是十二小时，而是七个小时。最后，在月亮的左面，我们画上了土星。现在我们用线条把这七天按照它们在一周内排列的顺序彼此连接起来。我们以月亮为起点向火星画一条线，到星期二，从那里继续到水星，到星期三，继续到木星，到金星，到土星。到太阳，回到月亮。完成了！那么我们的周图表看起来就是这样的。”

“这样七个角的星星，”我说，“被称为七角星。多

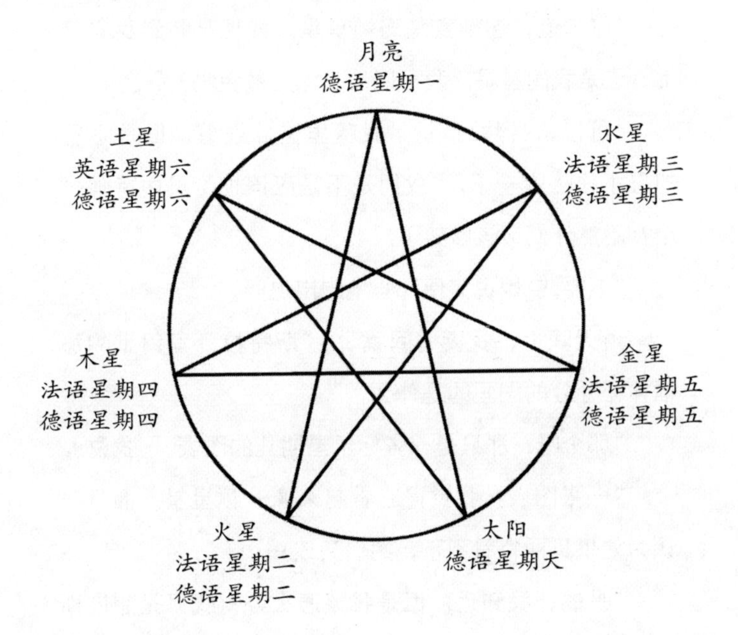

角星曾经是神秘的象征。门槛上的五角星据说是可以保护房屋的主人免受邪灵的伤害。六角星通常具有宗教意义。那好吧，”我看着图画说道，“这确实是有道理的。这样的一幅图片确实会产生一种独特的效果，尽管严格来说，它显示的只是一个数学绘图过程。”

“爸爸，”斯特拉说道，“我可以留着这张纸吗？”

“当然可以啦。”

“你知道，这确实是一颗星星。我把它贴到我的门上。这是我的星星。我可以给它涂上颜色吗？”

“可以，当然可以。”我嘴里这样说着，但是心里却忍不住咯噔一下，“我们是不是应该也给贝丽特画一个？不然你们又该吵架了。”

“不要。”她说完便开心地跑出房间。

当天晚上，我妻子问我说：“斯特拉卧室门上的那幅神秘兮兮的图画的是什么？”

“那个呀，那只是一张标示星期几的图表。”我说。

“一张图表？我觉得它看起来像一颗星星。而且我认为如果贝丽特看到了，她们又该……”

“是的，我知道。但是我该怎么办？我只是想向斯特拉解释星期几的顺序是从哪里来的。仅仅这样而已。”

“这样啊，”她说，“没事儿，别担心，我会处理的。”

“哦，是吗？你想怎么做？”

“我突然想到个主意。”

我们没有再继续谈论这件事。当然，我很想知道她最后那句话只是随口说说，还是她真的有计划了。夜里我睡得并不安宁，我梦到了液体的星星，它们总是以神秘莫测的方式不断地从我的指尖溜走。然后，我醒了一会儿，接着就又睡着了。当早上我被斯特拉叫醒的时候，已经很晚了。

“爸爸！”她摇晃着我的身体说，“我又收到一张字条！你看看这上面说了什么？”

我睡眼惺忪地爬起来，摸索着找到眼镜，眯着眼睛看着字条，然后把上面的内容读了出来：“其实你的星星就是你！”

“这是一首诗！”斯特拉兴奋地喊道，“我来读给你听。”她拿出她在过去一年中发现的四张字条，然后把它们按顺序排好，接着念道：“你的星星。清晨，它会升起。午时，它会接近。夜晚，它会沉寂。其实你的星星就是你。这是不是很棒？我花了那么长的时间去找我的星星，但实际上我的星星就是我自己。妈妈跟我说过，每个人都是他自己的星星！每个人都应该遵循自己的想法和目标！这是妈妈说的。”

“是吗？”我嘀咕道，“她这样说当然是有道理的。”现在我终于明白了是谁写的这些字条了。我忍不住问自己，为什么我早些时候没有想到呢。

就在这时电话响了，是贝丽特打过来的。她说她也发现了一张小字条，这加上她去年发现的三句话就变成了一首完整的四行诗。斯特拉写下了这首诗，然后开始读给我听：“南方不必寻。东，西，北——完全不可能。因为 Clou 就是你的星星。你的星星就是你！”

当然，贝丽特的妈妈也曾告诉过她，每个人都是自己的星星，遵循自己内心的想法，坚持自己的信念是生命中最重要的事情。

从两个女孩之间开始展开寻找星星的竞赛时，我的妻子和贝丽特的母亲早就预料到了其中潜在的危险，并商量着一起采取了措施。

“原来是这样啊，”我晚上对她说，“你们考虑得很周到。我还不知道你居然有写诗的天赋。”

“哎呀，”她说，“我们不过是即兴发挥罢了。”

“也许你应该为圣诞节写一首诗。”我建议道。

“嗯，我一定写。”

“说真的，到时候，斯特拉可以朗诵它。你的父母也会很高兴的。用诗来回顾一下过去的一年。”

“回首过往 / 星光岁月。”她笑了起来。

“是的，这一年过得真快。希望斯特拉对星星的兴趣不会同样这么快消失。”

“哦，不会的。你为什么有这种感慨？”

“年终特色吧，”我说，“平时我们都不会去考虑时间的问题，但在年底却忍不住要这么做。”

“也许是因为我们害怕它。”

“害怕时间？”

“害怕变老。”

我接着说道：“当我看到斯特拉时，时间流逝的速度真的让我感到很害怕。”

“爱因斯坦没有计算出怎么让它过得慢一点吗？”

“时间？要做到这一点，我们必须进入一个飞船，并以光速飞向下一颗星星。”

“哦，这些我可不懂，”妻子抿了一口葡萄酒，然后说道，“我认为在地球上就挺好的。”

“是的，”我叹了口气，“没错。确实是这样。”

✲

从我开始向斯特拉讲述星星和孕育了我们的宇宙到现在，已经一年过去了。对我们天文学家而言，一年就是天空中的一个循环，行星系统这台大型旋转木马上的又一轮回。一年就是宇宙的尺码，就像一个月、一个星期、一个小时——就像时间本身。

但时间本身到底是什么呢？这可能是最难回答的一个问题。可以肯定的是，没有任何东西可以逃脱时间的控制。对我来说，时间留下了一些我成功忽略掉的印记。相反，在斯特拉身上，它却完成了一件梦幻般的作品。它绘制雕琢，它构图润饰，它让她变得更加成熟和完美。

在一千五百多年前，哲学家奥古斯丁便对时间产生了一个极为清晰的认识。他写道：在创世之时，上帝创造了宇宙，从虚无之中创造了万物。但是因为时间只存在于发生改变的地方，因此在创世之前也就不存在时间。因为没有事物的地方，也就不会发生改变。——没有任何事物可以生长、开花和结果。那么创世之前的问题就是毫无意义的，因为时间不是可以脱离世界而独立存在的现象。

我们天文学家是这样认为的——尽管我们想法不太具有诗意——对我们来说，时间是一个坐标，折尺上用于测量宇宙的一个线条。我们用时间做为单位，用光年来说明距离，我们将时间和变化视为等同。如果宇宙之中空无一物，那么我们也就没有任何东西可以用来证明时间的流逝。对我们来说，距离和期限，空间和时间都是紧密相连、不可分割的。

一方面，不存在没有事物的时间。另外一方面，即便是时间的长河，它流逝的速度也会随着事物而改变。如果事物移动得快，那么时间就会流逝得缓慢；如果事物移动得缓慢或者静止，那么时间就流逝得很快。甚至事物的质量也会影响时间。一颗星星越重，它上面的时间就流逝得越慢。它的质量就如同悬挂在表针上的重量一样，抑制着时间的流动。

如果我们可以生活在太阳上，那么我们的手表就会走得更慢，我们就不会像地球上的亲朋好友那样衰老得那么快。如果我们可以在黑洞上悬挂一个钟表，那么它上面的时间看起来就像是冻结的。在黑洞上，时间就终结了。这就变相说明，黑洞是黑色的。因为没有时间的地方，也就不会有可以发光的物体。

但时间怎样才会终结呢？我们的意识只能存在于时间之中。没有时间，没有对过去的回忆和对我们一直存在的未来的设想，也就没有我们的存在。上帝，正如奥古斯丁所教导人们的那样，能够全面理解存在的含义。相反，我们人类只能依序来体验这一切。对于奥古斯丁来说，这就是我们不完美的一个标志。

但我不得不承认，我对于此刻的这种不完美感到高兴。不能依序地体验斯特拉的发展，而只能以全面的眼光来理解，这将是一种损失（无论如何，至少我觉得是这样）。相反，我认为这一切都发生得太快了。我只能捕捉到美丽的瞬间。

对于斯特拉来说，时间还是一个非常固定的尺寸。

过去和未来，与现在相比显得相形见绌。去睡觉对她而言似乎就是一种对时间的背叛。

放完新年的烟花爆竹后，当我要带她去睡觉时，她抗议道：“你说过，我可以整晚玩到明天的。”

“确实是，”我回应她说，“现在就是明天。”

她没有明白。“人们只有先睡觉然后醒了，才会是明天。”

“嗯，”我说，“如果人们不睡觉，就一直是今天吗？你要知道，这样也不太好吧。因为我们的愿望在新的一年里才会实现。”

这多少能算是个说法。

“爸爸，你许了什么愿望呢？”

“更多的时间。”我回答说。

“时间？用来干什么？时间总是有的。人们根本用不着去许愿。你这是在浪费愿望。”

“时间是宝贵的。大人们是这样认为的。例如，我想要陪你度过更多时间。”

“那么我们就实现吧。我们应该玩点什么？”

“现在不行。”

“但是我们现在不就有时间嘛。”

“嗯。可以这么说吧。我也不知道。时间是很复杂的。”

“我不觉得，”她边说边爬上了床，“时间是很简单的。没有时间的话，所有的事儿就会突然就冒出来了。”

“你喜欢这样吗？”

她想了一会儿，然后说道：“我不想。”

“我也不想。”我说。

过了一会儿，她对我说：“爸爸，明年你还会给我讲关于天空的故事吗？”

“你愿意听吗？”

这时候，她睡眼惺忪地回答说：“当然，星星可以作证。”我给了她一个晚安吻，然后关上了灯。

致 谢

康德有一句名言：有两种东西，我对它们的思考越是深沉和持久，它们在我心灵中唤起的惊奇和敬畏就会越日新月异、不断增长，这就是我头顶灿烂的星空和心中崇高的道德。

据我们所知，康德没有自己的孩子。就我的个人经历而言，我想给他的这句话提点修改意见。如果他有孩子的话，他肯定会在这句话中再加上一点：孩子们永无止境的好奇心和发现力。

首先，我非常感谢我的女儿，她向我提出了许多奇妙的问题，奉献了那么多关于璀璨星空和自然界内在联系的奇思妙想。

其次，我非常感谢我的妻子，感谢她作为一个细致的问题收集者和提问者为我提供的帮助以及作为第一个读者所提出的宝贵意见。

我要特别感谢阿克塞尔·施沃佩对本文手稿的深入阅读。他提出的许多专业性的意见和批评，使得读者能够避免阅读到某些不太恰当的内容。

最后，我还要感谢克劳斯·博伊尔曼。很久之前，他曾经攻读过博士学位，最终却没有成为天文学家，而是成了作家。如果没有他当时的认可和支持，没人知道这本书还能否问世。

阿尔伯特·爱因斯坦曾说过：一切都应该尽可能简单，但不要太简单。我衷心希望我实现了这一点，如果我没有做到的话，敬请谅解。

2008 年 3 月

图书在版编目（CIP）数据

为什么月亮不会掉下来 /（德）乌里希·沃克著；
尹岩松译. — 西安：太白文艺出版社，2018.10
ISBN 978-7-5513-1525-8

Ⅰ. ①为… Ⅱ. ①乌… ②尹… Ⅲ. ①天文学－少儿读物－现代 Ⅳ. ①P1-49

中国版本图书馆CIP数据核字（2018）第207162号

为什么月亮不会掉下来
WEISHENME YUELIANG BUHUI DIAOXIALAI

作　　者　［德］乌里希·沃克
译　　者　尹岩松
责任编辑　王婧殊
特约编辑　宗珊珊
整体设计　Metis 灵动视线
出版发行　陕西新华出版传媒集团
　　　　　太白文艺出版社（西安北大街147号　710003）
　　　　　太白文艺出版社发行：029-87277748
经　　销　新华书店
印　　刷　三河市延风印装有限公司
开　　本　787mm × 1092mm　1/32
字　　数　100千字
印　　张　8
版　　次　2018年10月第1版　2018年10月第1次印刷
书　　号　ISBN 978-7-5513-1525-8
定　　价　25.00元